看着看着就饿了

一些有关
食物的八卦

指间沙——著

上海文艺出版社

馋 影 录

目录

大 牌 胃 口

私 人 口 味

序

╳

吃饭是最好的

你是不是经常在看戏的时候被馋到呢？我就是。

小时候看《西岳奇童》，向往热腾腾刚蒸出来的"九牛二虎"。《西洋古董洋果子店》才看了第一集，就奔下楼买了块聊胜于无的蛋糕啃。看艾曼纽·贝阿演《天使在人间》时想吃炸薯条，看石原里美演"校阅女孩"河野悦子时特别想吃关东煮，尤其是煮章鱼。总之，注意力老是会被食物吸引过去。

日本电影《烧肉世家》中，山田优端着盆一样大的碗吃拌饭，爷爷说："吃饭是最好的。人初次认识一个人，想和那个人成为朋友、想成为他的恋人，这么想的话，首先就是一起吃饭。"

一言难尽的感情总会藏在食物里。《天下无贼》中的刘若英在片尾默不作声地吃北京烤鸭。她怀着身孕，化悲痛为食欲，不停地用薄饼卷鸭肉往口中送，吃得嘴角流油、沾满酱汁，眼泪慢慢流下来。人生有那么多别离那么多眼泪，仍旧要硬生生地、坚定地吃完面前这一只硕大的烤鸭，情绪是多么饱满，有力量。

食物浓缩着根本的人生态度。《泰囧》里王宝强是做葱油饼的，每天卖800只，秘方是：只能由我自己做。香港明星爱吃云吞面，来内地发展拍剧的罗嘉良说过："我真的很喜欢吃云吞面，一周要吃五六次。"香港的云吞面，馅料用的是新鲜的虾，猪肉肥瘦皆有。

面用的是耗费人工的竹升面，揉面时加入鸭蛋。汤是大地鱼、猪骨、虾子熬的。一碗正宗云吞面有自己的顺序：空碗内先放麻油、豉油，再放必不可少的韭黄，之后放云吞，接着放面，最后加汤。面要稍微高过汤面，利用汤的热力保持云吞的温度。人是知味的，因为做食物的人传递出可贵的自信与坚守。

这本书有关食物的影像演绎，还包含一些有关食物的小八卦与私人记忆。"馋影录"记录的多是影视剧里的美食。食物配上故事，总会显出一种特别的力量，让观者也跟着沉迷进去。所以，小津安二郎电影里的那碗茶泡饭一定不是寻常味；《恰似水之于巧克力》里的玫瑰鹌鹑也仿佛烧着了我们的心；而《倒数第二次恋爱》里的熟女们说："吃了特级食物，就会变成特级女人。"此话真是吃货界的至理名言啊。

"大牌胃口"探讨的是明星与食物的恩怨情仇。鲍德里亚写过："告诉我你扔的是什么，我就会告诉你你是谁。"若斯特说过："告诉我你引用谁，我将告诉你你是谁。"著有《味觉生理学》的萨瓦兰则宣称："我从饮食内容就能看透一个人。"知道一个人喜欢吃什么，也等于透露给他者：我是谁。所以，也就不难理解为何汤唯的经纪团队要将"回锅肉"改成"香菇菜心"，也可以想象那个拍琼瑶片时爱买零食吃又乐于"见者有份"的赵薇。一生都很窈窕高雅的奥黛丽·赫本，最爱吃番茄酱意大利面与黑巧克力，你是不是因此对她有了新的认识？

"私人口味"则记述了一些我自己经常吃到的家常味道，面拖蟹、小笼包、蛋饺、红烧狮子头……仍旧与文艺娱乐有着千丝万缕的联系。

舌头是会成长的，有些人长大后就能欣赏苦瓜或香菜了，而有些人永远沉溺于草莓珍珠奶茶或巧克力水果奶昔。美食也是判断别人是否同属一个时代的标志，等同于接头暗号。或许一旦开始怀念某样食物时，人就忽然像杨德昌《一一》里的小男生一样，感到自己也老了。

世界顶级餐厅都明白一个道理："你卖的不只是食物，而是背后的故事。"本书想换种方式，通过或文艺或八卦的故事来另类地感知一下食物。

想象一下吧，希望能馋到你。

馋影录

超级侦探的上等胃

"在我这边放着一些精心调制的棕榈酒，在波洛那边是一杯稠稠的、香味浓郁的巧克力。那巧克力给我一百英镑我也不会喝的，波洛一边小口地抿着粉红色瓷杯里的稠稠的棕色的东西，一边满足地发着感叹：'多美好的生活啊！'他喃喃道。"

这是短篇小说《巧克力盒谜案》的开头。英国侦探小说女王阿加莎·克里斯蒂笔下的波洛，有着一个活力四射的地道比利时胃。他的饮食喜恶特别分明，早餐一定要热巧克力配小圆面包，狂爱牛排、香肠、腰花，不爱啤酒喜欢薄荷酒，还会教人煎蛋卷。在《尼罗河上的惨案》里，他优雅地敲开鸡蛋壳，撒点盐，一勺一勺有条不紊地吃。案子就在一个接一个白煮蛋后，揭开了谜底。这恐怕只能理解为高速动脑的人，其实也需要补充高能量，而善于捕捉细节的人则对美食特别敏感。

波洛对糖浆甜食的爱好令英国人瞠目结舌，而阿加莎·克里斯蒂笔下另一员名侦探马普尔小姐则有着英式的精致。她有一套伍斯特时代的茶具，吃烤松饼喝下午茶。《云中命案》里说："胃口能统治理智。"这话一点都没错。

阿加莎·克里斯蒂出生于英国西南部的德文郡，那里出产著名的德文郡奶油。这种奶油属于凝脂奶油，颜色偏黄，口味浓稠。英式奶油茶（cream tea）就发源于此地。人们可以把厚厚的奶油抹在司康饼上，品味馥郁的奶香。侦探女王诞辰 120 周年之际，马普尔小姐"住过"的伦敦梅费尔区布朗酒店推出特别下午茶，有《尼罗河上的惨案》的咖啡船形蛋糕、《怪钟疑案》的蛋白杏仁饼干、《伯特伦旅馆之谜》的罂粟籽纸杯蛋糕、《红色信号》的覆盆子冰淇淋、《阳光下的罪恶》的柠檬挞。《谋杀启事》中那款吃完死都值得的巧克力蛋糕也被还原了出来。"它会香喷喷的，入口就化！蛋糕上面我会浇上巧克力霜。"阿加莎·克里斯蒂的外孙马修·普瑞查德说，"没有什么比下午茶更令人沉溺的了。"

和依赖头脑而非四肢的推理型侦探不同，特工既要动脑破案还要耗费体力。电影里的詹姆斯·邦德似乎更爱美女和酒，可在伊恩·弗莱明的原著小说里，邦德的每一顿饕餮大餐可是很细致诱人的。邦德胃口健旺地大啖嫩嫩的羔羊肉，嚼脂香四溢的羊肉串，享受龙虾和蟹肉，吃下大量的培根煎蛋及奶油，喝下无数香槟、伏特加……原来24小时待命的充沛体力，是这样得以保持的。

在1953年创作的第一部007小说《007大战皇家赌场》里，邦德吃晚餐时，点了一瓶1943年的Taittinger香槟搭配鱼子酱，还赞美道："这大概是世界上最好的香槟了。"20世纪50年代正值第二次世界大战刚结束，物资还相对短缺，能不受限制地享用上等食材还有酒，基本属于令人垂涎的特权。

"红烧翅，蒸条石斑，再来半只炸子鸡，一碗白饭。"刘青云在电影《神探》里查案，坐在餐厅里点了与嫌疑人一样的食物。他默不作声地吃鱼、啃鸡、拿鱼翅淘饭一勺勺往嘴里送，吃得盘光碗空一点不剩。接着，他又招来服务员点单："红烧翅，蒸条石斑，再来半只炸子鸡，一碗白饭。"又一言不发地全部吃完，再继续点同样的一桌……如此循环一直吃到呕吐，在重复的贪吃独享体验中，搜寻案件的突破口。在杜琪峰导演的黑帮警匪片中，没有台词的复杂心理战特别多，经常通过若有所思的吃吃喝喝来传达言外之意。

日本是推理小说的王国，而日剧也热衷于将探案和美食结合在一起。《美食侦探》里的东山纪之，虽然是贪吃的大胃王，却是一派绅士打扮。他穿着潇洒的白色风衣，爱拉大提琴，怀揣一双金筷子，每每见到食物就像指挥棒那样优雅地掏出，在空中划出一道华丽的曲线。一路走一路吃，他甚至不放过犯罪现场留下的食物。正是通过区分外卖和堂吃寿司的不同口感与温度才找到了破案关键：堂吃的寿司，米饭温度与人的体温接近；而外卖的寿司，会因存放时间变长而发硬。所以，捏寿司时，会留出空隙来存储空气。正是这个为客人着想的规矩，暴露了凶手。虽然杀人是错，但寿司师傅的职业操守可是被大大褒扬升华了。

米糠腌的剧毒河豚卵巢，泡温泉后吃的山菜火锅，用萝卜刨末做的雪见锅……吃食物是为获取生命的能量，而恰恰是食物成了杀人工具。被认真对待的食物，总能最忠诚地传递不变的真相与真理。《美食侦探》根据寺泽大介同名漫画改编，漫画作者的另一部代表作则是《将太的寿司》，改编成偶像剧后由柏原崇、广末凉子主演。某种程度上来说，他也是一丝不苟的寿司研究专家。这种精准，不是用仪器量出来的，而是靠一年年的经验累积，与自己的人生完全融合起来。

　　日剧里的侦探大多有特别的胃口。专门对付特异功能罪犯的《SPEC》里，户田惠梨香演的超能力警察当麻是名副其实的"饺子女"。她智商惊人，食量更是奇大，而且几乎顿顿都在吃饺子。当麻的出场，就是在饺子店里一边吃饺子一边翻书，不仅食量大如牛，还气势逼人地大喊一声："别动姐盘子里的饺子！"爱饺子到何种程度？做梦也都在淌着口水吃饺子，她的电脑桌面与手机屏保是一枚焦黄的煎饺，钥匙扣、坠链挂件等也都是饺子形。

　　东京饭馆里外脆里嫩的煎饺，白白的冒着热气的水饺，还有放进杂烩锅里炖煮的饺子……她的血管里流淌着的不是血而是饺子。有句话说："能力有多大，责任就有多大。"而在这里，我们可以看到："能力有多大，食量就有多大。"户田惠梨香说："剧中我的这个角色非常能吃饺子，为了拍摄准备了200个饺子，我大概吃了30到50个吧，吃完之后连工作人员都嫌弃我满口大蒜味。"电影《SPEC~天~》上映，剧组还设计了饺子货车开往全国各地宣传。

　　《ATARU》里，中居正广扮演自闭症奇人，总是吃同一种食物——黄灿灿的咖喱乌冬面，还是那种普通的速食杯面。但是，从没见他吃乌冬面，只看到他双手捧杯，一口口啜饮热咖喱汤。浓浓的咖喱汁是速溶的，一入喉就仿佛刺激到了脑细胞，让它们立即投入战斗状态。

文艺作品里人气高的侦探，往往智商高、能力强，脾气性格夸张怪异，有特殊饮食癖好。加贺恭一郎是日本推理作家东野圭吾塑造的侦探典型。根据东野圭吾原著改编的日剧《新参者》里，加贺恭一郎由个子高大的阿部宽扮演，是一个不太被人理解的"怪蜀黍"。他一开场就在汇聚日本传统美食的中央区日本桥人形町排队买点心：限量供应、香喷喷刚出炉的人形烧。外皮烤得干黄的人形烧里，包裹着绵软甜蜜的红豆馅，一口下去，要小心烫。有人说这正是侦探推理剧的特色，外表的平淡，遮掩的是内心的澎湃。

人形烧很甜，加贺恭一郎说："多吃甜食会变聪明哦！"原来如此啊！怪不得日剧里头脑灵活的侦探不少都爱吃甜食。《CONTROL～犯罪心理搜查》里，藤木直人饰演的心理学教授，最爱吃的就是古早味的草莓果酱面包，而且是便利店卖的那种，用塑料袋套着，简易得不像话。他与松下奈绪演的超级热血女警搭档，每集打打闹闹地破一个案子，每集必吃草莓果酱面包。而在日剧《BOSS》里，身材高挑的大泽绘里子一边走路，一边不断往嘴里扔着巧克力豆，扔的动作尤其潇洒。

至于鼎鼎大名的夏洛克·福尔摩斯，有人称他最爱吃的是鸡蛋，有人分析他爱吃约克郡的烤牛肉，但毫无疑问他最爱的还是烟草以及无聊时注射的 7% 可卡因溶液。

亲热之前吃什么？

　　脱俗的爱情往往是顾不上肉的。《廊桥遗梦》里，为爱情加分的脱俗元素非常多，爵士乐、叶芝的诗、贴面舞蹈……还有男主角罗伯特只吃蔬菜、坚果与水果的胃。女主角在两情相悦之际，为男主角做的晚餐可是纯素的。她从后园采来胡萝卜、洋葱、土豆、香菜，用素油和面粉做了一锅炖蔬菜。这是他们的第一顿浪漫晚餐。另一顿也是纯素的：用番茄酱、黄米、奶酪和香菜末拌馅做的夹馅辣椒，简单的菠菜色拉、玉米面饼，甜点是苹果酱蛋奶酥。热腾腾的肉欲来袭之前，他们的心灵都素出了浪漫空间。

　　或许在吃的方面清心寡欲，在爱情方面就特别敏感有追求。与之形成鲜明对比的是廊桥地区的当地人：专吃肉汁、土豆和鲜肉，有时一天三顿都如此，他们对廊桥的浪漫熟视无睹。女主角不解风情的老公也是典型吃牛排的胃，女主角给老公做饭就会用到大量的肉，牛排、香肠、火腿，感情好像"猪油蒙了心"，一点都不脱俗。

比《廊桥遗梦》的情色表现更禁忌的是韩剧《密会》，演绎20岁钢琴少年与40岁已婚女老师的反伦理之恋。金喜爱饰演的禁欲系女主角和老公用餐时吃得都很高级。早餐喝鲜榨蔬果汁、咖啡，少不了小番茄黄瓜条；晚餐握刀叉吃肉，主食是黑黑的面包片，还要喝整瓶陈酿红酒，可他们不做爱。她和少年在一起就吃得随意，脱掉昂贵的名牌裙子改穿他的宽大套头衫，蹲在天台吸溜一碗方便面。吃得最激情四溢的一次是在小饭馆里，他们当时已经被迫许多天没见面，重逢于破陋的小饭馆。两人从见面的那一刻起，都压抑着内心的激动与泪光，静静地共享面前简单的食物。他们大口吃着碗里的白米饭，嘴里塞整片海苔，啜饮着酱汤，嚼着红艳艳的泡菜。虽然不发一言，却在咀嚼声中体会到了长久分离后的内心澎湃。那晚他们一起听《Piano Man》，很大力忘情地接吻。

作为一个上海人，其实挺好奇吃完泡菜后怎么接吻？大概两个人都吃了，就不要紧了吧。导演安畔锡此前拍摄《妻子的资格》

时，安排了一段更激情的亲热戏，特意拿了颗巧克力给男演员李成宰吃下，结果吻得在场女工作人员都鼓起掌来。

悲剧也不是没有。演"万人迷"的陈好是山东人，从小就跟着姥姥吃大葱蘸酱长大，就算荧屏上再能发嗲，生活里最爱吃的还是大葱。结果她在横店拍戏时，最爱街上卖大葱饼的小店，吃得忘我，完全没顾及男演员的感受："那饼太好吃了，我晚上还要演结婚戏呢，完了！一嘴的大葱味。"

亲热之前吃什么好？甜食似乎是不错的选择。罗嘉良拍港剧《创世纪》，约会时故意把冰淇淋擦到陈慧珊脸上，然后突然地吻下去。李敏镐和朴信惠在《继承者们》里抢吃甜甜圈，也发生了似有若无的"甜甜圈之吻"。这样的吻戏，一定比那些吃蘸满浓酱的意大利面、汉堡包、炸鸡什么的更清新甜蜜吧。

有人不吃凤梨，有人不吃榴莲，有人碰不得香菜……对了，还有人花生过敏，如果对方在吻前吃了花生酱……后果是严重的。还有其他各种雷区需要事先了解避免。例如敬业的李晟拍《新还珠格格》时就自曝，为和张睿拍吻戏，三个月没有吃猪肉！当然不注意的演员也有很多，拍吻戏前老老实实刷牙的秦汉，就抱怨过刘雪华故意吃大蒜来整他。

　　吻时的气味，往往比吻的对象的脸还要令人记忆深刻，所谓"气味相投"非常重要。韩剧《不要恋爱要结婚》里，女一号经常在咖啡馆厨房里吃男二号用剩下的食材做的东西，吃着吃着，满嘴还都是深色酱汁呢，就被突然地吻上了。这看起来就让人心底猛一震撼，拜托先擦下嘴角好不好。根据漫画改编的日剧《深夜食堂》里出现了真正重口味亲热戏：变性人的纳豆之吻！刚刚吃完纳豆的嘴唇，还残留着黏糊糊的丝，就迫不及待地双唇相连，不分彼此地与纳豆浑然一体。这样的场景，连见识广博的老板看着都起了鸡皮疙瘩。

　　长久以来玫瑰被当作爱情的象征，但吃玫瑰的人倒是不多。充满魔幻色彩的电影《恰似水之于巧克力》改编自墨西哥作家劳拉·埃斯基韦尔的小说，诱人发情的是女主人公蒂塔做的玫瑰鹌鹑。那束玫瑰花正是她想爱而不能的爱人送来的，她把花紧紧搂在胸前，胸口流出的鲜血把原本粉红色的花瓣染成了鲜红色。蒂塔用这些花瓣做了一道玫瑰鹌鹑。

　　这真是一道神奇的菜，她的爱人只吃了一口就禁不住心驰神往地闭上眼睛赞叹道："这是天堂才有的佳肴！"蒂塔则吃得宛若灵魂出窍，"好像是一种神奇的炼丹术使她整个身体都融进了玫瑰花汁里，融进了鲜嫩的鹌鹑肉里，融进了美酒和菜肴的香味中。

这就是她进入培罗身体的方式,灼热、妖娆、芬芳,完全是一种美的享受"。最神奇的还是她的姐妹乔楚,吃完后欲火焚身,水淋上去变成了蒸汽,流出的汗是粉红色的。她身上散发出的玫瑰香云把骑在马上的起义军首领吸引而来,那才是一出真正活色生香的"马震"。

下等口味大满足

　　小田切让主演的《大川端侦探社》，虽然名曰侦探所，其实接的活更像是"便利店"。第一集接的工作是替快咽气的黑帮大佬找寻记忆中的馄饨。

　　馄饨不是什么稀见的食物，难就难在要记忆中的那碗味道。

　　大佬的手下试了几家馄饨都失败，于是特意找来米其林星级厨师。大师出手不凡。高汤由短脚牛的小腿肉、金华火腿、整只青森三叶草鸡，以及筑地当天早上最贵的大葱和姜熬成。馄饨馅由气仙沼的鱼翅、宫内厅御用牧场纯种金华猪肉末、江户前才卷虾和干贝制成。食材都是最高级的，可大佬尝了一口就挣扎着爬起来，转身去拔刀……不满，相当不满。到底他想要的是什么滋味的馄饨呢？他要的是家叫"喋乐"的小店做的馄饨，这家店已经倒闭，且吃过的人说味道很一般。

费尽心机，终于把"喋乐"原来的老板叫来做了一碗馄饨。食材都是就近超市菜场买的普通货色，没有来历。特别之处是调味品特别多，一碗汤足足加了小半碗味精。结果，大佬吃得相当满意："就是这个味道！"

原来，他心心念念想吃的，无非是一碗味精馄饨，相当重口味，且是许多上等人士鄙视的"下等口味"。与他早年的经历，十分般配。

有一部香港老电影叫《莫欺少年穷》，男主角为了能举家移民，拼命打工兼卖皮蛋瘦肉粥。结果在做移民体检时，被发现胃部黑黑一团不明物体，只能独自被留下。最后，他就医发现，那不是癌细胞，而是家里卖剩的皮蛋粥，当场痛哭："该死的皮蛋！"皮蛋，正是穷人家鸭蛋腐变后舍不得扔掉才被发明出来的，民族特色鲜明。

我们今天食物的多样性，很大一部分要归因于曾经的资源短缺、因陋就简。许多美食都是由底层劳动人民创造并流传的。重庆的毛肚火锅就是早年嘉陵江的纤夫和码头搬运工发明的。他们干了一天累活，支起个锅子，多放麻辣料，烫便宜的牛下水吃，就烈性的白酒。还有各种各样的盖浇饭：在白米饭上堆菜淋汤，在过去大户人家里是不可思议的。香港的咖喱鱼蛋，越来越辣，而且也吃不出什么鱼的味道，是典型的平民零食。许多死甜死甜的点心，如果考究它们的出处，也是因为经历了物质匮乏时期，糖一度是奢侈品。

在王公贵族眼里，"下等口味"可多了。电影《茜茜公主》里，茜茜的父亲是巴伐利亚公爵，爱的是自由欢快的啤酒加保龄球。弗兰茨皇帝因为爱茜茜，不仅大赦天下，还安排了平民晚餐，让一群王公贵族喝啤酒吃蹄髈。索菲皇太后很不满意，她的老公倒是在痛饮一大杯后吩咐："再来一杯！"

方便面从来都被归为下等口味，却是实实在在的明星食物。许多明星常吃方便面。某次汤唯被拍到打出租车出行，蹲在街边吃方便面。立即就有人刻薄地说她过于节俭，显得邋遢，言语之间皆是看不起。对此，汤唯很聪明地回应："因为北京总是堵车，当天又是限行，所以就打车喽！在街边吃泡面是因为饿了嘛。"

明星跑到戛纳电影节走红毯出风头，穿得奢华那是赞助，做给人看，吃到肚子里的才是真正属于自己的。以前不知道有多少明星在戛纳吃下一碗又一碗方便面。

对食物的喜好，是一个人的根。好比嫁入豪门的郭晶晶，婚宴上的那些大菜只怕她也没吃上几口。还没从跳水队退役时，她说一直不喜欢西餐,"因为味道对我来说太怪了"。她表达了对辣椒酱和方便面的爱:"每次出国,辣椒酱都是必备的。都是在外边买的,不是妈妈给我做的。雅典奥运会的时候,我就带了很多辣椒酱,然后配着方便面一起吃,就是这样我才拿到奥运会冠军的。"

"下等口味"在今天,也是夜里摆摊卖的黑暗料理。章子怡凭借"宫二"收获了十座影后奖杯,称为"十全十美"。人生得意须尽欢,章子怡和一群名导演名演员在一起庆祝,对着镜头举起了黑暗料理界的王牌——烤串,她一把就捏起了六串。香槟蛋糕什么的高档货,在撒了孜然、胡椒、盐巴的重口味烤串面前,真是弱爆了。

算算叔吃了几碗米饭？

　　谁也没想到，几乎没什么剧情的《孤独的美食家》一发不可收地播了一季又一季，还红到了中国，网上评论几乎一边倒地赞。事先很难想象为日本街头小饭馆打广告的深夜档系列剧，竟会如此受追捧，万年配角松重丰成了许多人心目中的"食神"。无数人爱看这部基本没有什么情节的日剧，就是为了看他斗志昂扬、酣畅淋漓地吃。

　　松重丰饰演的井之头五郎是个单身大叔，因为职业关系，大白天得以游荡在不同街区，拐进各式饭馆大吃一顿。这位大叔光靠眉毛和嘴角就能演活内心戏，而且吃相满分！松重丰的吃相好，不会咂巴嘴发出难听的声音，不会吃饭的时候讲话或掉下食物，也不会吃得嘴角一片狼藉无法直视。

　　五郎不会饮酒，更能纯粹地享用美食。从静冈黑关东煮吃到神奈川单人烤肉，从相扑火锅吃到珍珠鸡刺身，从泰式咖喱吃到巴西料理。可以不停地添关东煮添猪内脏，一言不发两眼发光地吃吃吃；可以一边吃意大利面或煎饺，同时再来碗米饭。片头旁白说："不被外物所打扰，毫不费神地大快朵颐，这种孤高的行为，正是现代人被平等赋予的最大治愈。"日本饭馆为"一人食"提供了极丰富的条件。有些菜，明明看起来很普通，例如无汤担担面、生鸡蛋拌饭等，但是给五郎一吃，就看得人特别有食欲。

日本餐饮值得信赖，他才能吃得无拘无束，如此忘我，全然没有我们这里城里人独自点菜时的尴尬与克制。这些平民的饭馆基本做街坊生意，属于家庭料理，分量足，价廉物美。一个人做决定，一个人扫光盘，完全按自己心意选择，只需要忠实于自我，享受一种自由而奢侈的满足。

从第一季拍到第六季，还跑到博多、北海道等地拍了特别篇，第二季、第三季更是在吃正餐前加入了一顿甜品或零食：生奶油泡芙、草莓沙冰、水果三明治，甚至蘸了两次酱油烤的仙贝，这些都愈发衬托出了大叔的反差萌。

有人惊呼：日本人对米饭是真爱！米饭配拉面，米饭配意大利面，米饭配饺子……一碗不够，再来一碗！看《孤独的美食家》

时，请注意数数五郎到底吃了多少碗米饭。吃到尽兴时，背景音乐战鼓擂，配合五郎往嘴里送饭的节奏，酣畅淋漓。这些朴实喷香的米饭，正是令每个人都备感亲切温暖的治愈力。难怪有人说这是最"丧心病狂的美食剧"，并非昂贵奇异，不是遥不可及，正因为随时随地可以方便获得，更能激起食的欲望。

吃东西的样子投入，就让看的人充满食欲，梁实秋在《吃相》里都说了："人生贵适意，在环境许可的时候是不妨稍为放肆一点。吃饭而能充分享受，没有什么太多礼法的约束，细嚼烂咽，或风卷残云，均无不可。"

松重丰的吃功，并不是那么好替代的。换另一个人来演，效果就大打折扣。《孤独的美食家》原著作者久住昌之，倾心打造的另一部日剧《花的懒人料理》处处致敬五郎，包括相似的背景音乐，让竹野内丰的小女友仓科加奈表演吃喝，结果完败给大叔。观众批评女演员吃东西表情造作，不如松重丰赏心悦目，让人看着油然而生幸福感。

赵文瑄在台湾拍的《孤独的美食家》被吐槽吃得不给力。许多人批评他"吃相太斯文、太儒雅"。为此，赵文瑄辩解道："其实很多时候我已经吃了七八遍，吃得很撑了。"这不禁让人想起陈佩斯、朱时茂的经典小品《吃面条》，就是一个业余演员把肚子吃撑了无法演下去的笑话。所以说，单看长相，松重丰或许没有赵文瑄帅，可是："长得好不如吃相好！"

《孤独的美食家》剧集广受欢迎，一些知名演员也不时露面客串，例如长谷川博己、佐藤蓝子、友坂理惠等，原著作者本人也总在结尾莅临饮杯酒，增加剧的丰富性。但千帆过尽，人们最想看的还是松重丰卖力地大吃大喝。

不知不觉间，身高近一米九的松重丰已过知天命之年。他笑称年纪不小了，希望找个饭替拍吃的镜头。但镜头骗不了聪明的观众，松重丰还是志气高昂地吞下了一大碗米饭、一大盘辣豆芽炒肉、半份饺子和一串烤鸡肉，敬业精神值得嘉奖。

老话说"能吃是福"，这是人存于天地间，总可以不被辜负的小确幸。

有力气的炸酱面

　　"国民女神"金喜爱在韩国电影《优雅的谎言》里可没少吃黑乎乎的炸酱面。粗大的碗，脏脏的深色，泥淖一般，吃得嘴角一片污浊。

　　影片中，她那贴心而敏感的小女儿千智毫无征兆地上吊自杀了，只有14岁。乐观坚强的妈妈，带着大女儿搬到了贫民社区一家饭馆附近。搬新家那天，她们到这家饭馆吃炸酱面和糖醋肉，她执意两个人点三人份的量，要活得更有力气。

　　此后，妈妈经常一个人跑去饭馆吃炸酱面，饭馆老板娘终于忍不住，想对她道歉。因为老板娘的女儿是千智的同学，被所有人认为一直在学校欺负千智。失去女儿的妈妈阻止了她，说："可以说出口的道歉，是那些能被原谅的。"

　　把悲伤注入心底的妈妈，努力地吃着深色的炸酱面。转身进厕所，对着马桶吐面条。她看着镜子自言自语："知道我为什么搬到这里了么？我要你们永远都看到我，永远不会好受。"她也终于理解，为何小女儿会说最讨厌炸酱面了。

其实，炸酱面在韩国深受拥戴，日销量高达 800 万碗，在韩国各个居民区的小饭馆子里常年提供，还是最受欢迎的外卖食物之一。韩剧《美味情缘》里炸酱面是饭店招牌，老板去世后，一群人对着"春酱"一筹莫展，直到一个山东人出现，捣鼓半天发明了韩式炸酱面，令饭店生意重新红火。《梦幻情侣》中的富家千金失忆后过起穷日子，喜欢上了最平民的食物——炸酱面。她和男主人公一起大口吃着炸酱面，这样的欢乐使得她恢复记忆后仍想过平民的生活。《顺风妇产科》里的医生下班后回家叫炸酱面外卖，和可爱的儿子一起吃得幸福无比。他们对食物的爱够简单，吃到"这样东西"就很满足。反观我们戏里就没有这样简单到就是"这样东西"的味道。

第一次吃到韩式炸酱面是在上海政通路的留学生院附近，和中国那种咸得不行的炸酱面不同。炸酱面起源于中国，梁实秋、唐鲁孙、老舍都写过，鲁迅还在《故事新编》里创造过"乌鸦炸酱面"。一百多年前，炸酱面由中国人带入朝鲜。二战后，韩式炸酱面才开始出现并普及，诞生地是仁川中区善隣洞中国城的"共和春"餐馆。中国的炸酱面配黄瓜丝、豆芽、萝卜丝等菜码，而韩国人则给炸酱面找了个最佳拍档——糖醋肉。

韩剧《一起用餐吧》第一集里，惨从白富美变穷姑娘的大学生真儿搬新家，隔壁的哥哥帮着叫了外卖的炸酱面和糖醋肉。他说："搬家的时候就该吃炸酱面和糖醋肉，这一家的是附近最好吃的。……这份糖醋肉的酥脆就好像是在吃派一样，吃中餐的时候能体会到吃法国料理的感觉。这份炸酱面的劲道和土豆、甜面酱、洋葱以完美的组合不停地攻击舌头，可以说是炸酱面界的洪明甫。"

搬新家一定要吃炸酱面，这感觉就像我们这里乔迁之喜，必定要去买很多粉红粉白的定胜糕。不过，韩国是自家聚在一起吃炸酱面，而定胜糕是买来分赠给新邻居的。

吃饱吃饱，才有力气鼓足干劲面对新生活。平民有滋有味的一碗面，黑乎乎的，却预示着一个新的开始。

独自吃饭的女人

美国人写过本畅销书《别独自用餐》，和所有成功学畅销书一样，里头充满并反复强调诸多成为成功人士的"重点"，首先饭不能白吃，得拿它来换点人脉交际。但，不是每个人吃饭都想别有他图的，否则一定会吃成胃痉挛。

夏日里，尤其推荐看阿部宽、夏川结衣主演的《不能结婚的男人》。男建筑师，40岁，单身；女医生，35岁，单身。

40岁的单身男因性格孤僻而让许多女人敬而远之，可他会生活重品质，虽然毒舌但心思单纯，常常一个人在外吃高级的烤肉大餐，一个人在家里做丰盛的寿司，一个人边喝牛奶边听震耳欲聋的交响乐。相比之下，35岁忙于加班的女医生就没那么讲究，闲暇时间泡在漫画吧，晚上一个人到拉面店吃碗蔬菜拉面，为免发胖还故意剩下了汤。

这一对男女坐在一起吃顿饭，反而就会搞砸，譬如做文字烧。掌控全局浇面糊、翻面的当然是阿部宽，手法之漂亮可以入教科书。但结果呢？由于两人交谈斗嘴忘记了时间，文字烧的一面有点糊了。女方并不在意，而男方二话不说就把它扔掉了。

美国女作家费雪写过本《美食家的字母表》，第一篇就是讲独自用餐（dining alone）。"每个星期我都会去上这样的餐厅一两次，小心掩盖着强烈的自我意识，为自己点上一餐，留心选择那些美味而又可以带来丰富营养的食物，以此补偿之后那些我必须要与汤加饼干为伍的夜晚。"这样的一餐加上慷慨的小费，是相对奢侈的。美食家费雪一个人在工作室拿来喂饱自己的大多是罐头与外卖。

其实，有点年纪的单身女子，有积蓄，有时间，有品位，最有本钱一个人大吃大喝。苏青说："一个人生活目的在于享受，我在没钱的时候，也能咬大饼充饥，一旦有了钱，便大半花到吃食上去了。"

日剧《Around 40》里39岁仍待字闺中的女主角，是医院里的骨干，平素犒劳自己的方法是到ATM机取钱，先泡温泉再称体重叫声"safe"，然后穿着浴衣，一个人尽情享用满桌子的温泉料理。请注意，那可是一沓子面额为两万的日币啊。

《恋之时间》是部并不算出名的日剧，黑木瞳是自己开旅游公司的职业女性，每天都拼尽全力挤地铁，把张俏脸挤门玻璃贴大饼。一天辛苦工作后，她寄情于居酒屋"撸串"，一个人坐在店里，喝着啤酒，嚼着油脂四溢的鸡肉串。店长烤着鸡肉串，教育一群待嫁姑娘："恋爱就是，灵魂就是他，不是他就不行。"

店老板总是那样温柔可靠，阅尽世事，善解人意。失业、失恋、离婚……都可以一个人跑到餐馆里避风，配上一杯啤酒。

天才的蛋包饭

深受欢迎的蛋包饭是怎么发明的？蛋包饭日文名叫"オムライス"（omuraisu），是将法语"omelette"（蛋包，又叫奄列）加上英文"rice"（米）组合而成的。日本在 19 世纪末、20 世纪初西风东渐背景下，引进了许多西餐料理，并进行了日式大改造，蛋包饭就是一款和风法式料理。日本晨间剧《多谢款待》，正是以此时代背景为开端的。

女主角卯野芽以子天生是个超级吃货，为了能吃到新鲜鸡蛋，不惜钻入学校鸡窝偷蛋。她父亲曾在法国学习料理，回国后开了家西餐厅。可是，高端大气上档次的正宗法式料理经营困难，普通日本人不习惯用刀叉，美食家评论的打分也很低。芽以子的妈妈问丈夫："你开餐厅到底是为了让别人来膜拜手艺，还是为了让客人愉快地吃餐饭？"这恐怕是所有西餐初入日本后都会碰到的问题。

那个时代，人们连草莓都没见过，更别提蛋包饭了。晨间剧的第一集，就很巧妙地出现了早餐中的法式蛋包，以及午间带到学校的番茄炒饭，蛋包饭的基本元素齐登场。到了第四集，一直吃独食的芽以子终于学会分享，邀请同学们来家里的餐厅吃饭。豪华的正统法国菜，儿童们不欣赏，而简单的番茄炒饭与蛋包，令他们赞不绝口。天才美食家芽以子，灵光乍现，将饭与蛋混合在一起送入口中，深觉无上美味，这就是蛋包饭的雏形。

金黄柔滑的蛋皮，将凝未凝，包裹着橙红色的番茄酱鸡肉丁炒饭，用勺子舀入口中。蛋包饭，正是让所有人能瞬间感到幸福的天才发明。

"天下的桌子以餐桌最迷人，坐在餐桌前，往往充满了幸福感。"《多谢款待》里，骄傲的父亲看着孩子们吃蛋包饭的模样，微笑着说："我为什么要做料理？正是为了看到人们吃饭时的笑容。"

除了橄榄形的法式杏仁蛋包饭外，日本还创造了一种更流行的"蒲公英蛋包饭"，名字来自于伊丹十三导演的电影《蒲公英》。圆形的蛋皮里层是尚未凝固的蛋液，整张盖在饭上，用刀切开，蛋液如熔浆般倾泻而下，特别诱人。竹内结子联合一众偶像主演的月九剧《午餐女王》里，卖的则是全日本最好吃的蛋包饭，淋的不是番茄酱，而是特别熬制的牛肉酱汁。

《午餐女王》是一部随着时间推移越发耐看的神剧，内容比蛋包饭本身还要充实。一个有过去的可爱女孩意外地被带到了一家快餐厅，尝到牛肉酱蛋包饭。那真是好吃到要流泪的蛋包饭，米饭轻软香柔，蛋皮松嫩多汁，热腾腾的牛肉酱汁是店主人特制的，三十年味道不变。

为了好吃的蛋包饭，没有钱的姑娘决定留在这家店里，而这家坚持传统美味的店，最大特色就是没女人！在竹内结子出现前，成员是老爹与四个儿子，处处可见偶像级帅哥：大儿子是堤真一，老二是江口洋介，老三是妻夫木聪，小儿子是山下智久！此外，还有山田孝之与瑛太打酱油。好吧，和这个接吻，和那个拥抱，被第三个追求……女人的魅力被放到最大，更何况她还有个暴走族前男友。

美女与帅哥周旋着，不经意间就向我们展示了蛋包饭、烩牛肉饭、牛排汉堡、可乐饼、炸牛肉、天妇罗、三明治、焗面……好吃丰富得令人满足。饭就是做给那些时而烦恼时而快乐的人吃的，每个人都能休息一下获得小小的幸福。

日本人评选最具治愈力的食物，蛋包饭排名第一。无数日本少女怦然心动的愿望，就是给心爱的人做蛋包饭，用番茄酱在金色的蛋皮上写上爱人的名字。

日剧《请与废柴的我谈恋爱》里，帅气的"主任"给饥肠辘辘的深田恭子做了一份废柴专属蛋包饭。用番茄酱写上"ダメ"，这是做给女主角吃的，被她称作"元气蛋包饭"。《宠物情人》里的蛋包饭，则用番茄酱画上一颗桃子心。无论多沮丧，蛋包饭总能让人瞬间得到安慰。

日本作家村上龙的小说《蛋包饭》里，17岁的少女歌手吃着蛋包饭感慨道："你不觉得很天才么？就是发明蛋包饭的人。用薄蛋皮把番茄酱饭包起来，我觉得这个点子太棒了，而且，外观也很漂亮。"

是呀，这真是很天才很治愈，你想用番茄酱在蛋包饭上写什么字呢？

腌蟹迷魂记

　　酱油腌蟹在韩国和日本很受欢迎，如今终于引起了中国内地吃货的注意。看看韩国人是怎么形容的？"酱油腌蟹是可以俘虏全世界胃口的美食。免税店最畅销的调味紫菜，咸咸的味道；加入水果的酱汁，甜甜的味道；黄黄的膏，香香的味道；再加上透明的蟹肉，黏黏的口感。这酱油腌蟹是可以让大家体会到地球村可以因为美食融为一体的联合国一样的美食。"这段话出自韩剧《一起用餐吧》，男主角具大英这样描述韩国的"酱蟹狂潮"。许多中国剧迷看完这一集，就四处寻找城内韩式酱油蟹店过馋瘾，小份的两个人吃也够了。到了黄满蟹肥的秋季，亚洲人民对蟹的爱好从来都是狂热的。

　　韩食专家称，酱油在韩国料理中地位很高，店家最初是为了想突出酱油的鲜味而将蟹放入，结果却让酱油蟹大获好评。风靡韩国的酱油蟹，以各家秘制酱油为主要调料，具大英说的水果酱汁指的是苹果，高级的店家还会用到明太鱼、虾等，将快速冷冻过的花蟹解冻后腌渍。韩国江南区狎鸥亭新沙附近的"普乐（PRO）酱蟹"店，宣称腌渍五天最完美。那里的蟹肉细嫩，完全不咸口。蟹黄拌饭也很受欢迎，顶上打一个嫩嫩的生鸡蛋，底下则垫着墨绿的海苔丝……

韩国的生腌蟹分为酱油腌蟹和辣椒生腌蟹两种。有人问香港美食家蔡澜喜欢哪一种，他答得很有个人特色："你是问我喜欢法国女人还是意大利女人多一点？我两个都爱。"我们的明星，有了钱热衷开的是高级日料店、火锅店，而韩国明星开出了酱油蟹专营店。在韩国综艺节目《无限挑战》中，酱油蟹被选为"在海外的韩国人最怀念的韩国料理"。

酱油蟹属于腌渍蟹的一种。腌蟹在中国起源可是很早，各地腌蟹的种类与风味也不同。我国中古时代流行吃"糖蟹""蜜蟹"。陆游诗写道："磊落金盘荐糖蟹。"《梦溪笔谈》说这种风俗源自嗜甜的北方。更加流行的是用酒腌渍的"糟蟹""醉蟹"，过去常用来过粥，今天可是高档馆子的冷盘大菜，要价不菲。清人有诗咏醉蟹："支解琉璃脆，膏凝琥珀光。微生耐咀嚼，为试长公方。"李渔不仅用绍兴花雕酒来腌醉蟹，还要饮用腌蟹后的酒液，称为"蟹酿"。北京人梁实秋完全无法理解南方的醉蟹，觉得真咸，而绍兴人周作人很推崇用盐腌的腌蟹，觉得不亚于醉蟹，说腌蟹的黄与膏最美味，甚至超过了鲜蟹，"这可以下饭，但过酒更好"。剥开来一看，蟹籽部分变成黑色，真是谜一样的感觉。至于潮汕的腌蟹，与苏浙沪的腌蟹口味相差巨大，生蟹淋入蒜、辣椒丝、酱油、绍酒、醋，只要腌渍两个小时，吃起来并没有那么咸，有点辣，但说实话，比江浙一带的醉蟹要腥得多。

相比之下，韩国的酱油腌蟹虽然也是生腌，但很好入口。饱满厚实的蟹肉，有着浓郁的鲜味和微微的甘甜，不会死咸，也基本不腥。它们已经被劈成数块，人们只需要捏住蟹脚就能将黏黏软软的肉糊吸入嘴里。更受人推崇的吃法，是将蟹壳里剩下的蟹黄鲜汁，浇到热乎乎的白米饭上。《来自星星的你》有一集很直观地展现了这种食物：千颂伊邮购了一坛酱油腌蟹，令外星男十分不解。千女神当场示范，戴着塑胶手套坐在客厅掰酱油蟹，舔着手指专心看韩剧，还往蟹盖里加入白米饭。此时，连外星人也跟着一起丢了智商，坐在女神身旁边吮酱油蟹边扒拉米饭。喜欢酱油蟹的人称它是"偷饭贼"，吃着吃着，男神的心就也跟着被偷走了。

炸鸡压倒一切

《来自星星的你》让无数中国人又重新认识了韩剧。激情澎湃之际，炸鸡和啤酒伴着各地初雪笼盖四野，情人节时只要在微信里输入"炸鸡和啤酒"，屏幕就真的飘下了漫天雪花。

上一次韩剧在中国这么称王称霸、气吞山河，还是2005年湖南卫视引进播出《大长今》，满大街都在"呼啦啦，呼啦啦"吃韩餐。而现在的中国人看韩剧，用的已经是网络视频。

"炸鸡和啤酒"成流行语，源自《来自星星的你》女主角千颂伊面对窗外飞落的初雪，情不自禁地自言自语："下初雪的时候，怎么能没有炸鸡和啤酒。"于是外星男在故乡星星和炸鸡美女之间，就也选择了后者。

所以，当中国喜逢大雪，各地的小伙伴此起彼伏地呼唤炸鸡和啤酒。国民美女高圆圆面对北京的第一场雪，起哄："初雪。炸鸡和啤酒在哪里？"叶一茜说："倒时差，睡不着，我也想吃炸鸡和啤酒。"

明星们毫不掩饰自己在追热播韩剧。赵薇赞道："真蛮好看，不知总共多少集？电视剧能拍到这种品位水准，必须赞一个！"杨幂称："网上谣传叫兽400多岁老来得子了，不知道真的假的，如果是真的，刘叔叔我以后就再也不黑你了。"因为李李仁被说长得像"李载京"，陶晶莹调侃："半夜都很害怕会被他杀掉。"范冰冰宣传时也不忘应景地说自己可以演"千颂二"。

男明星也赶上了潮流：佟大为拍下老婆关悦捧平板电脑看剧的照片，说："请问有多少人家里目前和我这边是同一个情况？"何炅老师很不服气地表白："热播剧大家都在狂爱疯聊，而我是从第一集播出时就开始追的，于是总有一种孩子是我看着长大的感觉……酷酷酷。"

这，就和之前鸟叔《江南 style》红起来的套路一样，大牌明星的盛情追捧，指引了大众流行的方向。

对于红星，我们有个称呼叫"当红炸子鸡"。现在的时尚韩剧，时不时就有炸鸡现身。《继承者们》的恩尚外卖炸鸡送到海滩。《要结婚不要恋爱》里甜美的朱蔷薇，家里是开炸鸡店的。《听见你的声音》里，李宝英饰演的彗星家开炸鸡店，位于成均馆大学附近。《传闻中的七公主》里，德七的炸鸡店生意红火。《心里的声音》里赵石的爸爸开炸鸡店，每天六点就关门，十分霸气……随着韩剧的再度盛行，不断出现在剧中的炸鸡店也成了粉丝迷恋的对象，代言炸鸡牌子的韩国明星更是数不胜数。依托一部《来自星星的你》，韩式风格的炸鸡啤酒店有希望取代台式鸡排店遍地开花，让我们都能"在人民广场吃炸鸡"。

作为快餐食物的炸鸡，原本没啥稀奇。但这几年，韩国人开发出了本土口味的炸鸡，以微辣的韩式酱料腌制，蘸各种调味品食用。炸鸡分鸡胸、鸡腿等不同部分，现点现炸，表层香脆，肉质嫩滑，搭配冰冷的啤酒，十分过瘾。知名的炸鸡店受欢迎程度不亚于老字号，仁川新浦的炸鸡甜辣爽口，江原道束草的炸鸡块酥脆入味，散发出浓郁的大蒜香味……

韩国的炸鸡啤酒店无处不在，韩国人还为此新造了个单词叫"치맥"，也就是"치킨（炸鸡）"与"맥주（啤酒）"的结合省略。炸鸡配啤酒，算是韩国官配。大邱市举办"chimac 炸鸡啤酒节"时，新闻报道称韩国法律规定 19 岁以下未成年人不得饮酒，参加炸鸡啤酒节的游客还必须出示身份证。金俊秀去《成均馆绯闻》的

拍摄现场，可是豪气地带着一百只炸鸡为朴有天打气；金在中前往电视剧《Monster》片场为后辈龙俊亨送宵夜，带着的也是一百人份的炸鸡与披萨。这些都成了兄弟情谊的典范，成了新闻。

有人批评韩剧是快餐文化，一点没错，就如同炸鸡和啤酒是快餐，而不是大餐一样。韩国农村经济研究院调查公布，炸鸡取代了炸酱面，成了韩国头号最受欢迎的国民外卖食物。42.4%的被调查者表示炸鸡是自己最常吃的外卖，首尔每个街区都至少有两三家外卖炸鸡啤酒的店家。尤其是二三十岁的韩国年轻女性，豪爽地啃鸡肉吞啤酒，充分展露真性情的一面。新派韩剧也取代了传统韩剧，加入更多现代多元元素。过去是悲悲戚戚、淘气野蛮，现在主角没点超能力，还真不好意思拿出手。

炸鸡来源于美国，新韩剧也沾着美剧风格。如果说旧式韩剧哭哭啼啼让人厌的话，那么新派韩剧好比源自美国的炸鸡，金灿灿的，鲜嫩多汁，外观华丽，更加适口。

但，看下去，仍旧有着韩国辣酱与泡菜味儿。《来自星星的你》数集过后，走入了难以避开的拖沓脱线泥淖，令男女主角的脑袋都像打了除皱针一样。女主角是"白痴美"女神经病，弱智好骗；男主角外表高冷，内心萌蠢。英雄救美，难舍难分，是一定要的。

男一号必须是忠犬，最好男二号也是！唯一不变的还是，爱得纯粹，爱得纠结，爱得死心塌地。对于许多观众来说，这就足够了。

有位定居在埃及的女同学告诉我们，开罗的电视频道放的也是韩剧，而且配音成阿拉伯语，更方便观众们感受熏陶。所以，不要轻视青春与纯爱带来的心理满足，正如一年四季，总有些日子特别想吃垃圾的炸鸡和啤酒。

面包的好心情

　　小时候学校组织秋游，家长为我们准备的主食通常是一只结实的面包。可能是一只两头尖尖、外皮略硬的罗宋面包，也可能是长方形的一整块枕头面包，吃的时候面包屑不断滚下来。罗宋面包如今已不太看到贩售，而枕头面包演化成更松软壮实的吐司面包，放入小朋友的书包里。

　　奥黛丽·赫本主演的《蒂凡尼的早餐》里，穿着黑色晚礼服、戴着假珠宝项链的她，一个人站在蒂凡尼珠宝店前，艳羡地望着店里的一切，吃下肚的是牛皮纸袋子里的一个新鲜酥松的可颂。一日之计，往往始于一个面包。

　　港剧还流行时，许多人记得罗嘉良与宣萱在《流金岁月》里的枕头包。用铝箔纸包着烤，面包身上显出九个格子，分别可以蘸炼乳、花生酱、咖喱、茄酱、芝士等口味的调料。一只猫有九条命，一个枕头包有九种吃法，一段爱情又可以有几重曲折磨砺？

面包是那种看起来比较笨，却充满原始力量的食物。啃着超市面包、眼光盯着高层的职场小子最热血。《半泽直树》这部讲述银行业职场奋斗的热血日剧，一度红成了现象级，收视率可以用奇迹来形容。剧中，堺雅人饰演的男主人公大口吃着便宜的红豆面包，悠悠地说出一句："红豆面包，累的时候要吃甜的。"

经典台词"人若犯我，必加倍奉还"中的"加倍奉还"，被制作方 TBS 电视台印在了面包的包装袋上，成为热销商品。电视台与 JR 车站内便利店合作推出的"半泽直树特别版面包"有四种口味。"半泽直树"四个黑色大字印在袋子上，面包们在便利店货架上特别醒目，一看就是针对那些奋斗着的上班族。

"刚出炉，热腾腾的，像小娃娃的面颊般胖嘟嘟，既好看又好吃，而且价钱很便宜。"这是新井一二三在《我这一代东京人》书中写的东京银座木村屋本店的红豆面包。木村屋创业于 1869 年，也就是日本明治维新的第二年。他家的红豆面包，将西方传来的面包与东方传统的红豆馅完美结合。绵软香甜的外皮，细腻浓郁的内馅，超级可口。红豆面包在日文里的昵称是"安胖"（アンパン，

anpan）。日本动漫人物"面包超人"叫"Anpanman"，正是红豆面包造型。他有一张红通通的大圆脸，见到肚子饿的小朋友，就蹲在他面前说："请你吃吧！"有一部日剧叫《安藤奈津》，主角名字的日文发音听起来与"红豆面包"一样。这样的安排，正是利用了红豆面包的文化混血背景。

还有部与面包有关的日剧，主要演员年纪都不小了，却彻底地走小清新路线，那就是《面包和汤和猫咪好天气》，看，又是面包。小林聪美扮演的出版社女编辑，在接连经历相依为命的母亲忽然去世、被出版社调离编辑岗位等变故后，决定继承母亲的店，开一家只卖面包与汤的餐厅。

面包有三种款式可以选择，卷心菜、番茄、菠菜、鸡蛋等等都标明产地。哪些是完全不用农药的最健康天然的食材，哪些是用了低浓度农药的食材，挑剔的顾客要求店家一一写明，如此这般才成全安心美味的一餐。这样的食物给人带来了沉静而明朗的好心情，吃着吃着会觉得身体越来越轻盈。

小林聪美做的面包给人带来平静舒畅的好心情，而因为面包导致心情低落的恐怕是小 S 一家。

小 S 老公投资面包店，她贤惠地卖力站台做宣传，号称"纯天然、无添加、手感烘焙":"从天然酵母的培养到面包发酵、烘焙，架子上的每一个面包，从无到有，总共需要 9 天的时间。"结果，此面包店在台北被查出使用人工添加剂，涉嫌民生欺诈，小 S 录节目时向大众鞠躬致歉。

投机取巧，弄虚作假，总有自作聪明的人做那样的事。所以我们益发敬重那些踏踏实实的人，还有那些结结实实的面包。

一只青春的西瓜

　　青春，朱夏，白秋，玄冬，这是人生的四季。盛夏是属于红红的西瓜的。绿皮、紫纹、红瓤、黑籽，被烈日蒸得有气无力的人们看到这样完美的西瓜，精神一振，解渴，消暑，莫大安慰。得了状元的文天祥写过《西瓜吟》："拔出金佩刀，斫破苍玉瓶。千点红樱桃，一团黄水晶。下咽顿除烟火气，入齿便作冰雪声。"能砸破西瓜，一口气吃下半个的，分明带着一股青的豪气。

　　看完蔡明亮的电影《天边一朵云》，恐怕许多人很长时间都不想吃西瓜了。网上流传过某女子与西瓜在一起的照片，就是模仿这部电影。过于澎湃的欲望，会让夏天更加烦躁。以前流行过一种西瓜形状的雪糕，做得倒真是色彩鲜艳，甜度很高。更早以前还流行过嫣红细腻的西瓜冰霜，甜度低很多。可惜，它们都不能还原出西瓜的那种甜来。

谁都晓得西瓜很清甜，但那种甜是很难被浓缩、被还原的，就好比人的青春。再精心保养，再高科技，都回不到原初。

许多人在问：为何赵薇要在她的导演处女作《致我们终将逝去的青春》的海报上，让女主角郑微手抱一个大西瓜，而脚下是碎裂的瓜瓢片片。小说原著有一段寝室里谈论女孩与水果的戏，最受男人欢迎的阮阮说："青春是终将腐朽的，时间对谁都公平，谁都只有这几年新鲜，谁都输不起。"硕大的西瓜，在它最新鲜水甜的时候，哗地砸破在地，满地狼藉，场面是最残忍的。这正预示着逃无可逃的残酷青春。

赵薇本人刚刚凭"小燕子"蹿红时，就深受盛名之累。还只有二十出头的她拿西瓜做过比喻："西瓜本来是圆的，可有人把它放在盒子里，种成方西瓜，大家一看，哗！方西瓜多特别呀！于是大家都把西瓜种成方形，再也没有人知道西瓜原来是圆的。"她形容自己："我也越来越方了！我也很难过，但我还是想当一个圆西瓜。"不过，经历过那么多年那么多事，大风大浪、大爱大恨过的赵薇，切开来，依旧水分饱满，没有烂心，仍可算是一只好西瓜。

日本在夏季有一种海滩游戏，乃是眼睛蒙布，手持木棍，走一条直线去打沙滩上的西瓜，考验的是方向感。人这一生再努力再刻苦，最怕的还是方向性错误。隆重推荐大家在盛夏季节看一部有趣的日剧《西瓜》，这是一群老大不小仍没成家的女子，前途还有一长段没有展开，却也没有什么好事情可以期待。但即使是这样琐碎的人生，也有一群人一起单纯地享用西瓜的甜味时刻。

每一只西瓜在被切开前，你永远都不知道它到底甜还是不甜。我们买到的西瓜总是"没有想象中那么甜"，但它仍旧有很多水分，让你满足。

草莓最好的时光

波兰作家伊瓦什凯维奇在散文诗《草莓》中写道:"在林间草地上我意外地发现了一颗晚熟的硕大草莓。我把它含在嘴里,它是那样的香,那样的甜,真是一种稀世的佳品!它那沁人心脾的气味,在我的嘴角唇边久久地不曾流逝。这香甜把我的思绪引向了六月,那是草莓最盛的时光。"作家这一段描述草莓的文字闻名世界,让人忍不住想立即含住那颗软嫩多汁的果子。

春末夏初是草莓最鲜嫩多汁的成熟季节,孩子们被大人带领着去农村摘草莓,又吃又玩。意大利餐厅将切得薄薄的鲑鱼与鲜红的草莓浇黑醋汁吃,酸甜多汁,能体会到特别的夏日鲜味。日本人则会将完整饱满、毫无瑕疵的整颗草莓包进雪白的糯米皮里做成草莓大福,或者在纯纯的鲜奶油上顶一颗独一无二的草莓。

草莓是最能代表爱情的水果，艳丽迷人，娇嫩易受伤，保质期短，而味道呢，却清新得似有若无。日式的草莓蛋糕很漂亮，纯白的鲜奶油上顶一颗完美无瑕的红草莓。面对一块草莓蛋糕，是先一口吃掉顶上的草莓，还是耐心吃完蛋糕再定心地品尝草莓？这足以引发一场大讨论。泷泽秀明、深田恭子、洼冢洋介主演的日剧《蛋糕上的草莓》，正是通过年轻人吃草莓蛋糕的不同次序，来体现个性，反映各式各样不同形态的爱情。

在《顶级播音员》里，天海祐希和矢田亚希子一起吃草莓蛋糕。亚希子把草莓轻轻摘下，放到盘子边先吃蛋糕，结果天海以为她不喜欢草莓便拿来一口吞下，亚希子大叫："因为喜欢，才放到最后吃啊！"面对一块诱人的草莓蛋糕，是先吃草莓，还是先吃蛋糕，显现的是截然不同的个性与处世风格。

代言草莓的都是些少女气质浓郁的姑娘，林依晨代言草莓口味的酸奶饮料，喜欢粉红色的徐若瑄有首《快过期的草莓》，唱得十分傲娇："忘了放冰箱，草莓就快烂掉，你曾说我像草莓，留一个唇印，想告诉你，快过期的草莓要受不了。"这是年轻女孩在向背叛的男友抗议。鲜红而柔嫩多汁的草莓，又酸又甜又清新，总是被用来形容少女，象征着爱情、浪漫与吻。可是，草莓又是那样娇嫩，最易受伤，在菜场挑选了一袋新鲜草莓，回到家一看，已经闷坏几个，正如同纯洁易碎的少女心。

波兰斯基导演的经典电影《苔丝》中，德国姑娘娜塔莎·金丝基美得令人窒息。电影里，德伯家的少爷见到纯真的乡下亲戚苔丝姑娘，就拿一颗水灵灵的草莓来挑逗。苔丝抗拒地说："我可以自己来。"少爷还是坚持着用手把草莓伸到她唇边，苔丝犹豫了下含住了草莓。少女金色的头发、丰润的嘴唇，配着嫣红的草莓，成了许多人回忆里美的画面。

而摧残、蹂躏少女们，也相对地以"草莓滴血""草莓腐烂"来寓意。日剧《草莓之夜》里，竹内结子饰演的女警察在17岁时不幸成为连环强奸案的受害者，阴暗的海报上就是一颗千疮百孔的草莓，看得人心生恐惧。

正如伊瓦什凯维奇所写："它虽然曾经使我们惴惴不安，却浸透了一种不可取代的香味，真正的六月草莓的那种妙龄十八的馨香。"草莓的好时光，就是少女最美好的时候，短暂，娇羞，含蓄，有着浑然天成的纯美。

万能的鸡汤

有个很欢乐的韩剧，讲的自然是年轻男女兜兜转转又健康清新的爱情。开小酒馆卖炸鸡的父母听说女儿的男友是整容医生，倍感光荣。当得知准女婿感冒生病后，准丈母娘二话不说就炖了一大锅参鸡汤，还热滚滚的，就命令女儿连锅子一起给送过去。这可真是巨大的一锅！就算后来这一大锅不幸被碰翻，汤洒了大半，还是能从锅底盛出许多许多鸡汤来。

参鸡汤被普遍当作恢复体力的最好食物。吃货剧《孤独的美食家》的第四季里，松重丰走在东京银座，结果抬脚进了家韩食店，挽起袖子吃下了一大碗参鸡汤。村上龙有篇小说，里面的年轻女子每三天就要去韩国料理店吃一次参鸡汤。汤在砂锅中沸腾着，一整只鸡巨山般浮在乳白色的汤中。"筷子轻轻一碰，皮就剥落下来，鸡肉离开了鸡骨，和带着黏性的一大块白色糯米一起混入鸡汤，就像冰山在春天到来时崩塌一样。"

不独韩国，中国人要补起身子来，也讲究喝鸡汤。这两年又成大热的已故女作家萧红，有篇散文记叙许广平想方设法为鲁迅补身体："心里存着无限的期望，无限的要求，用了比祈祷更虔诚的目光，许先生看着她自己手里选得精精致致的菜盘子，而后脚板触了楼梯上了楼。希望鲁迅先生多吃一口，多动一动筷，多喝一口鸡汤。鸡汤和牛奶是医生所嘱的，一定要多吃一些的。"鲁迅那时已经差不多病入膏肓，身子非常虚弱，无论是医生还是家人，都觉得他能端起调羹多喝几口鸡汤，就能补充体力、恢复元气。可是，他总是不肯好好喝那碗悠悠然冒着热气的鸡汤……

对许多传统的中国人来说，天底下最好的汤就是鸡汤了。珍贵的鲍参翅肚，要靠鸡汤调味；家常的馄饨面条，也要靠鸡汤打底。厨师最爱的高汤，通常指的还是鸡汤。在味精发明前，有些人更会每道菜都想加一点鸡汤来增鲜。厨子做素宴时，偷带沾满鸡汤的毛巾入厨房的民间段子，层出不穷。

纵观全亚洲，似乎最讲究原汁原味鸡汤的还是中国。日本有松茸鸡汤，口味清淡，昂贵的松茸是主角。泰国的椰汁鸡汤，南姜、青柠叶、香茅、辣椒、椰奶等食材的浓厚味道早就掩盖了鸡味。而看看我们国家，无论城市乡村、家里家外，一大盆炖得喷香金黄的鸡汤上桌，都能激起饭桌上最后一波高潮来。汤里或许有几片火腿，几朵香菇，绝不喧宾夺主。

美国人从1993年开始编辑出版《心灵鸡汤》并大获成功，"鸡汤"泛指那些滋润人心的励志文章。《心灵鸡汤》被《纽约时报》评为年度畅销书，被《时代周刊》誉为"十年来出版界的一大奇观"。的确是个奇迹，直到今天中国人还在学样贩卖一锅又一锅"心灵鸡汤"，而且鸡精添加剂的味道越来越浓。

有外国厨师竟然误会中国人喝鸡汤时不吃鸡肉，这绝对错了！分鸡而食也是一件大事，鸡腿留给小孩，鸡翅分给老人……喝完鸡汤，每个人的胃才得到了满足。

细微之别

京都府什么食物最吸引人？是"京野菜"，也就是当地特产新鲜蔬菜。京都高级老字号旅馆的蔬菜，都由长年保持关系的菜铺子精挑细选。同样产自京都，长在同一座山上，同一天挖出的竹笋，滋味到底有什么分别？日剧《鸭去京都》里，上羽屋的每位员工都心知肚明。

远在东京当财务官的小鸭回京都继承母亲的高级旅馆，不明白其中奥妙。执拗的她到超市买最贵的菜，花两万日元网购山里的竹笋，可她采购的食材被料理长无情地丢弃了。他让小鸭自己尝一尝两种笋片的口感，果然，是不一样的。

这不是一目了然的好吃与难吃，而是相当细微的好吃与次好吃的区别。有些人觉得差一点点有什么大不了，而正是对这一点点的追求，是价值的体现，这种价值的难能可贵超越了金钱和效率。

日本人"讲究"，在电视剧里更是讲究得"变本加厉""穷凶极恶"。类似为了钟爱的拉面味道改变而杀人的动机，在日本侦探片里竟然是逻辑成立的。这么一板一眼，可以说是脑筋不会转弯，也可以说这是用生命在捍卫食物的尊严。

能打动人心的食物，并非食材上的猎奇。而且，无论几年还是几十年，都让你不断地想念。张国荣演过徐克导的电影《满汉全席》，将厨房和功夫片结合到了一起。道道大菜眼花缭乱，但最让人印象深刻的还是港味十足的干炒牛河，一筷子牛河夹起来，碟底不能留一滴豉油，看似简单却考验一个厨子的品质。同理，叉烧也提升了高度："每一块肉的汁都被纤维封在里面，如江河汇聚。而肉的经络又被内力打断，入口十分松化。"这是电影《食神》最终定胜负的关键。

好吃不迷信天才，就算再有天赋，也必须经过时间的锤炼，才能在厨房独当一面。《将太的寿司》中将太在比赛时做"十二卷"。十二卷指的是寿司卷中除了醋饭和海苔外，还包括其他12种食材。快完成时，发现其中有一样食材紫苏不够了，想反正就少一条，没多大关系，结果被老板大骂。将太原本也觉得，这没什么，不必如此紧张，可他的师傅说："对寿司师傅而言，这只是其中的一条。但是对吃寿司的人而言，这一条就是全部。"

松本润主演的热血奋斗剧《料理新鲜人》里，餐厅做的是日本改良的意大利菜。他初来乍到被指派的第一项任务，就是煮意大利面。听起来很简单吧，在老家算厨艺不错的他，第一天就搞砸了。煮出来的意大利面，完全不符合要求，打败他的正是这细微的一点点差别，一流餐厅并不像他想得那么简单。正是为了达到那细微的一点点，为年轻人的人生设下了终极目标。

是枝裕和的《Going my home》，说的是寻找故乡森林里小矮人的故事。小矮人到底有没有？其实，山口智子在熬味汁时，对女儿说的一番话已经做了回答。她说："世界不仅仅是由你眼睛看到的东西构成的，和世界一样，料理也不仅仅是由你眼睛看到的东西构成的。"

食物当然能反映世界观，浓缩了对人生的根本态度。《料理仙姬》里的一升庵，坚持用稻草烧稻米，坚持传统工艺做豆腐，坚持用本枯节木松鱼干，坚持文火煮五小时不去棱角的萝卜，坚持不开分店。几乎所有的美食片，都在对抗这个工业化速成时代，透着不可思议的责任感与理想精神。是的，正是因为现实里越来越稀缺理想精神，我们才更需要这些影像故事。

治愈系美食

李亚鹏曾为王菲写过一首微情诗："想到你的样子，我就笑了，还想要些什么呢？幸福还是糖？"他后来解释：幸福是幸福，糖是糖。幸福的时候是不需要糖的，悲情的时候才需要糖安慰。后来李亚鹏和王菲的八年婚姻一朝散，引起全民围观。不知道彼时的李亚鹏有没有送王菲一颗糖来治愈心灵。

俗话说大嘴吃四方。大嘴美女茱莉亚·罗伯茨在影片《美食、祈祷和恋爱》里，不断恋爱，不断受情伤。疗伤的她专注地吸着面前一大盆意大利面，任由酱汁放肆地沾到嘴唇边。吃着吃着，她忽然就欢快地嘴角上扬，笑了出来。这分明是被意大利地道的美食治愈了。

受情伤的女人，要么什么都吃不下，要么什么都往嘴里送，尤其是那些高卡路里的。还记得韩剧《我是金三顺》么？胖乎乎的三顺在外受了冷言冷语，就很自暴自弃地在家搞韩式拌饭吃。不是一碗饭，而是一大面盆饭，红彤彤地拌了辣椒酱，一勺一勺往嘴里送。以前中国有部经典电视剧叫《贫嘴张大民的幸福生活》，戏里的张大雨被男人甩了，家人们担心她会想不开自杀，结果她跑到当时算时髦的洋快餐店，要了几十杯平时根本舍不得买的草莓圣代，摆满了一桌子。她一杯接一杯地不停地吃，神情麻木。那些鲜红的草莓酱浇在雪白的冰淇淋上，看上去有一种"浴血江湖"的感觉。

甜甜圈常被用来安慰人。日剧《仁医》里，大泽隆夫饰演的医生南方仁，创造出了跨越时空治脚气病的甜甜圈"安道名津"。配合此剧，制片方找便利店配合售卖"安道名津"甜甜圈，引起过抢购潮。而在黑木瞳出演"阿部定"的电影《新感官世界》里，伴随她一生的食物正是甜甜圈。无论何时何地何种场合，只要能捏着甜甜圈放入唇间抿着，她就像被催眠了一般，痴痴地浅笑，眼神迷离。黑木瞳"永远好像少女那样楚楚动人"，仿佛手里的甜甜圈才是她的整个世界。

甜食之外，其实一些垃圾食品也能让人迅速被治愈。许多明星爱吃薯条，称这些金灿灿、外脆里酥的小棒棒，特别能减压。好莱坞明星则热爱洛杉矶一家开了70多年的热狗店。为什么人在不开心时会希望第一时间获得甜点和高油高脂食物呢？科学家解释，甜食能让大脑分泌某种活性肽，从而减轻疼痛。以进化论的观点，史前人类总是渴望摄入高卡路里的食物，这样可以储存更多能量。于是大脑就将食用高卡路里食物视作愉悦行为，引导人们倾向高油脂高糖分。尽管美国研究人员称炸薯条可能损害大脑，可是人们如果不快乐，脑袋要那么聪明，岂不是更痛苦。

挑食的理由

　　网上各种挑食人群组成了傲娇的"教派"，有"不吃葱花教""吃胡萝卜就会死派"……特别的高贵冷艳。

　　为挑食所苦恼的多半是小孩子，家长们会以"营养丰富"为理由，逼着他们吃下不爱吃的食物，所以才会有动画片《大力水手》，一吃菠菜罐头就变出肌肉来，因为太多小孩子不爱吃那颜色绿绿、味道涩涩的菠菜。有一年台湾地区做了项调查，弄出了一个儿童最讨厌的蔬果排行榜，口感软乎乎的茄子位列第一，接着是青椒、苦瓜、绿叶菜。

　　专家称，六岁是口味养成的黄金期，但很多人到了快20岁步入社会，还要经历一次口味的大挑战。日本90后少女明星武井咲在宣传电影《浪客剑心》时自曝特别挑食，不爱吃的东西里包括口味清新的黄瓜！"很多食物里都会放吧。冷面里也有，要避开它真的太难啦！"令一旁的江口洋介吃了一惊："黄瓜你也不喜欢？！"连黄瓜都不吃啊，这样严重的偏食，简直到了令人发指的地步。"不吃黄瓜"引起轰动以后，武井咲姑娘再度露面做宣传时，不得不改口说："这个夏天想变成不挑食的人。"

台湾地区有电视台拍美食偶像剧《美味的想念》，结果女主演竟然不能吃台湾著名特产凤梨，连闻都不能闻，说是小学时吃凤梨就吐，觉得很臭，连形状也看不得。于是，拍吻戏前，男主演在不知情的情况下吃了凤梨，吃得津津有味，还想跟她一起分享。结果，她倒退三步，冲着他大喊："走！你走！"逼着男主演赶紧刷牙去味。

有这些挑挑拣拣的美少女在，就衬托得什么都吃的女孩尤其招人爱。顾漫的"总裁体"小说《杉杉来吃》清新可爱，因为改编成电视剧获得极高关注。故事说的是稀有血型的薛杉杉忽然被拉去献血，救了总裁的妹妹。为了报答，总裁每天中午派人给她送便当，有小米饭、炒猪肝、炒牛肉、清煮菠菜、凉拌海带、木耳炒蛋，外加生胡萝卜数片、赤豆红枣甜汤一碗。这些菜都是用来给她补血的，她全都吃光了。

不挑食的杉杉，此后连续一个月每天都吃猪肝便当，而送她便当的总裁却是一个挑食的傲娇少爷。在杉杉细心地帮总裁把牛肉面里的香菜一一挑干净后，她就成了"挑菜工"，每天中午准时负责给他挑走盒饭里不要吃的东西："嗯，你把这个菜里面的胡萝卜丝挑出来，还有这个菜的青椒也挑出来。"总裁的口味阴晴不定，今天吃的明天未必吃，煮着吃的炒着未必吃，而单纯的杉杉在帮总裁挑光黄豆后，还顺便吃了他的牛肉……不挑食的姑娘是有福气的，因为什么都吃得，从而促成了自己的姻缘。

当然，有些明星挑食是有理由的，过敏这种事真是毫无办法。曾经代言过虾味薯片的王力宏对虾过敏，由老婆李靓蕾陪着看皮肤科时被偷拍。他不满道："这两年，我突然开始对虾过敏……昨晚收工后跟同事们一起吃饭时，没发现菜里放了小小的白色虾米，导致今天起床大过敏，还去了医院拿药。医院的护士拿手机偷拍我，发在微博上，实在是很不专业的行为！"好了，以后请大家都不要拿虾给王力宏吃了。

吃一顿花言巧语

　　美国女作家费雪说："因为一些原因，美食总是和它的姐妹——爱情，紧密相连。"到底是因为哪些原因呢？她没说。最不浪漫的原因恐怕就是为写稿子了吧。日剧《约饭》里，约 30 岁的单身女接受杂志企划，开专栏介绍能约女性吃饭的餐厅，同时传授约会成功的技巧。特别之处在于，此女可是真的去赴各式各样应征男的约，并一边吃饭一边被热烈地追求。明知是逢场作戏，她还总是在美食与甜言蜜语中迷失，再从被拒中清醒过来，开始下一轮循环。

　　美食剧持续走红以后，年轻的女吃货也多了起来。《孤独的美食家》原著作者久住昌之推出了《花的懒人料理》，让仓科加奈对着一块鲑鱼厚切吐司表演欲仙欲死。热销漫画《和歌子酒》拍成系列剧，武田梨奈放工后独酌完一家不过瘾，还要再找第二家尽兴。

但正如脱口秀几乎都是清一色男人的天下，女吃货的演出也总不及男吃货受欢迎。贯地谷主演的《约饭》倒是另辟蹊径，从一个人埋头闷吃变成了一男一女边聊边吃。本剧原作者是漫画家峰由乃佳，此前作品是深夜剧《Around 30 无修正》。

一个人吃饭，其实有诸多限制，点的几乎都是随意的简餐小吃，而更高级更正式一些的餐厅料理，就需要其他人加入，要化妆打扮，有社交仪式。《约饭》的"饭"借助相亲约会这种形式，倒是顺利从 B 级料理跃往 A 级料理，搭配上酒，一道接一道，井井有条。

虽然女人一边免费吃美食，一边被卖力地吹捧追求，掌握主动的仍旧是男方。《阿佛洛狄特：感官回忆录》里写道："一顿精心策划的晚餐应该渐进地加强，从最弱音的汤开始，经由开胃菜优美的急速连弹和音，到主菜华丽演奏而臻于高潮，最后以甜点的优美和弦告终。这一程序与有格调的做爱过程可相提并论。"如此看来，《约饭》里来应征的男人，都很懂得美食与调情。帅气的广告代理公司职员，先让女主角在前菜阶段喝上了滋润的汤，接着上有机蔬菜拼盘，配仙台味噌粉末与特制醋蛋黄酱，主菜则是 150天成熟的四种口味牛肉。而长得五大三粗的无业富二代，最后则是以一整只鸡的喜马拉雅火锅与杂烩粥热腾腾地提升了气氛。

女主角一边夸张地嚼着小萝卜，一边略自卑地独白："受欢迎的女生被请来吃这种蔬菜，我一直以来当作蔬菜吃的东西，可能是草什么的吧。"她已经五年没谈过恋爱，并时刻被洗脑过了30岁还没结婚就麻烦了，可见亚洲女性面临的压力是共通的。但也只有性格豪爽、修复能力超强的女人，才能做到宁可告白被拒一千次，也不愿错过一个机会。

通常情况下，"约饭"的下一步就是"约炮"。结果，主动出击的总是女方。每集片尾，女主角鼓足勇气，追上欲走的男人，睁大眼睛问道："能守护我吗？我想跟你谈恋爱。"然后被形形色色的男人干脆地回绝：不约，我们不约。在这个谁认真谁就输了的世界，她被"每集一甩"，每集一场"羞耻 play"。原来巧言令色都是虚空。这种感觉就像电视相亲节目里，男女嘉宾体面地牵手成功，一下镜头就扔掉玫瑰摆摆手再见，没半点留恋犹疑。

所以，女主角从这顿"约饭"里收获的也就只有男人虚假的花言巧语了，也就是约会完毕卸妆洗澡后敲出来的约饭金句："我必须要守护你。""就让我温柔地照顾你吧。""即使长得不帅也不必灰心，与帅哥的减分路线相反，普通男人往往是加分路线。通过展现关心家人和热爱小孩这两点瞬间升格为未婚夫候补。"看看，所谓约会技巧还都是写给男人的，表彰的是应征男们的成功。

看《约饭》的一大感触是，目的太多，快乐岂止减半。享受的时候，往往需要专注，身心放松。又要专注于美食，又要投身于爱情，还得想着怎么谋篇布局写专栏对得起广告客户，实在太忙了。吃点好的很必要，但也没那么重要。况且，吃下那么多虚情假意，一定会消化不良的。

二次元美食的真实

"本棚"在日语里指"书架","本棚食堂"就是动手还原书里写到的料理。可见光好吃是不够的,还需要有说头,美食背后的故事能产生惊人的附加值,感知有多深就看你够不够文艺。

"姬川罗莎娜"以创作少女漫画成名,女粉丝对其的幻想是:害羞没男友,牵手会脸红,住在凡尔赛宫那样的豪宅里,好像玛丽·安托瓦内特……但实际上,"姬川罗莎娜"是成天窝在家里没日没夜赶稿的男子二人组,一个俊,一个丑。但无论颜值高低,他们都没有时间谈恋爱甚至吃饭,经常挣扎在截稿死限上。相比那些一天到晚上电视出风头、夸夸其谈的作家明星,他们更像是体力透支、蓬头垢面的"漫画民工"。

每当绝望痛苦时,二人组就用一把夸张的钥匙打开一间神秘书房的门。他们从书架上寻找著名小说、漫画里出现的料理，也就是所谓"二次元美食"。在得到精神满足后，两人随即动菜刀、开灶火、起油锅，噼噼啪啪将"二次元美食"做成了三次元，然后开吃。

他们做出了江国香织小说《好想痛痛快快哭一场》里只用大蒜爆炒的海虾和蘑菇，一边读一边感叹："真是简单又美味啊，'只用大蒜爆炒'的'只'说得好棒啊。"他们烤出了《村上龙料理小说集》里的西班牙海鲜意面，把极细的意面敲碎成两三厘米长，加入虾、鱼类、贝类等熬的高汤煮，再放入烤箱，还原的重点是小说里女人那一句"好像在吃大海"。"恐怖饭"这集，二人组还原了料理漫画《华中华》里的西瓜炒饭。《华中华》又名《贵妃上菜》，说的是餐厅学徒偶遇杨贵妃幽灵并受她指导做菜的故事。这客奇特的西瓜炒饭，用掏空内瓤的碧绿瓜皮碗盛黄黄的饭粒，顶上摆两小块鲜红西瓜，颇具二次元风。

《本棚食堂》开拓了一条"文艺小清新"亲近美食的新路，虽然情节比较扁平单一，年轻演员的吃相也略显做作，但剧里做出来的菜倒是跳出了日本料理的局限，风格多样。这完全借助于题材广袤的文艺作品带来的灵感。协助此剧取材的片末名单中，角川书店、集英社、日本经济新闻出版社、新潮社等赫然在列。编剧田口佳宏的作品还有《孤独的美食家》《食之军师》等，都是剧情偏弱的系列美食剧。美食这个东西，往往受制于个体的饮食经验，很难搞出新花样，而脑洞大开的小说与漫画提供了更具冲击的想象力。相比之下，剧中勤勉女助手与暴力女编辑在外头饭馆大吃特吃的煎饺、天妇罗荞麦面、猪排盖饭等日常食物，就显得太普通不够文艺了。

"文艺小清新"群体其实盛产"吃货"。宫崎骏漫画里的食物就被一一还原过，例如《天空之城》里的加蛋厚吐司、《红猪》里的法式白汁鲑鱼。日本动画协会在东京秋叶原开了家"动漫饭店"，推出《我是小甜甜》里森泽优家烤甜饼、《鲁邦三世》中鲁邦吃的熏火腿等。伊豆市卖过以作家命名的"文士玉手箱"限量盒饭，包括夏目漱石、井上靖、若山牧水、川端康成四人。粉丝的行动力是惊人的，早些年出过本《村上春树美食厨房》，作者是"村上春树美食书友会"，广告语宣称："喜爱村上春树的书迷们绝不会错过这一场以最私人化的感性方式，接触到心仪作家内心最本质部分的华丽盛宴！"这真是爱得越深，就越往胃里去。

中国没有什么美食漫画的传统，甚至有一批人觉得钻研口腹之欲是错误的。小时候看的动画片也就馋馋《西岳奇童》里冒着热气的"九牛二虎"，还有《大闹天宫》里猴子偷吃的金丹。不过中国有人饶有兴致地设计"红楼宴"，还原书里的糟鹅掌鸭信、茄鲞、虾丸鸡皮汤等。金庸的历史武侠小说除了想象武功，也不忘馋一下美食，其中《射雕英雄传》里黄蓉招待洪七公的菜最是神奇，有一道"玉笛谁家听落梅"，用了小猪耳朵、羊羔坐臀、牛腰子、獐腿肉与兔肉等，"每咀嚼一下，便有一次不同滋味，或膏腴嫩滑，或甘脆爽口，诸味纷呈，变幻多端"。还有那道"二十四桥明月夜"，白玉豆腐经兰花拂穴手剜成嫩嫩的圆月，再置于火腿中蒸熟，充分吸收精华，鲜美无比。于是就有人根据金庸所撰，仿制出"玉笛谁家听落梅""二十四桥明月夜"。20世纪90年代以后，"张爱玲热"兴起，有人自娱自乐"张爱玲宴"，重现女作家文字提及的虾仁吐司、合肥丸子、蒜炒苋菜、螃蟹面。还有年轻人把动画片《中华小当家》里的菜一一做出来，拍照贴到豆瓣上，广受欢迎。迷恋的最感性表达方式，大约就是吃下肚了。

美食与文艺都需要感性与灵性，厨房与书房可以相通。只是，从二次元变成三次元，也要做好丧失魅力的心理准备。当幻想中的美食被真正做出来后，很可能丧失了诱人的魔力，变得油腻又烟火气。那种从来不会制作失败的"二次元美食"、从不会积灰的敞开式书架，正如永远都是小学生的柯南、永远不会被打败的奥特曼，只存在于虚拟世界中。

大牌胃口

女明星爱吃肉

　　真应该让嚷着减肥的美女们集体朗诵一下萧红写"饿"的散文，看看饿肚子到底是怎么回事。

　　老一辈女明星年轻时都在物资短缺年代里饿过肚子，在油水不足的剧组想方设法地自力更生改善伙食。早年，有条青蛇潜入刘晓庆所在剧组驻地的楼道，给服务员小姑娘摔死了。有人提议扔了，有人说话了："别扔呀，太可惜了。"第二天，刘晓庆兴致勃勃招呼演员去喝汤，真鲜啊，没错，这是在她指挥下做的蛇汤。那时女明星的生猛，在吃上面体现得淋漓尽致。

　　新一代女星却玩起了清心寡欲。一篇《汤唯不吃回锅肉》激起千层浪，明明在拍片现场点了个回锅肉吃，结果被经纪团队改成了香菇菜心。大家就此讨论到底哪些食物才算"高贵"，有人说白灼生菜，有人说清炒芥蓝……食物面前人人平等，可是在人面前，食物却也分个三六九等。在人类势利的心中，咖啡比大蒜高级，蛋糕比蛋饼高级，菜心比回锅肉高级。势利眼将所有不同的东西都人为地排列出从高到低的座次来，将口味偷换概念成品位。

其实，不管女明星多么爱对我们扮莲花装清新，事实是，老男人喜欢懂得欣赏吃肉的姑娘，还记得田朴珺是如何作为王石女友被传播的？田朴珺贴出了一锅煮得似烂泥的肉，娇嗔道："终于吃到笨笨的红烧肉了，太好吃了，一口气吃了半锅。""半锅红烧肉"啊，远比亮出大钻戒与玫瑰花更易点燃话题。红烧肉洋溢着浓烈的世俗娱乐精神。能一起吃螃蟹的未必关系亲密，能一起吃红烧肉的却体现出彼此交情深。

刘翔宣布离婚后，葛天的眼泪还在不断往外涌，满城风雨的话题忽然就被一块红烧肉超越了。网上刷屏的流言称葛天到刘翔家吃饭，保姆做了5块红烧肉。葛天吃了一块要再夹，引得刘母不悦，"因为肉每个人就准备了一块（每一块都比较大）"。这个段子集中了好几个大众最爱撕的点：婆媳相处、地域因子……以及红烧肉！上海人都怒了！这绝对是黑我们，谁家费那么大工夫只烧5块红烧肉？如果肉块大，那应是乳腐肉、走油肉、红烧大排啊。果不其然，刘翔家保姆委屈地出来辟谣，假的，都是假的。

这样大规模的混战，不禁让人想起《舌尖上的中国2》里那碗陪读母亲在上海做的红烧肉，配着高大上的古典音乐，也曾吵得各方几乎要兵刃相见。吃肉是大事！在中国的娱乐圈，但凡与红烧肉扯上关系总能迅速引发全民大讨论，登上热搜榜。

人们总是相信盘子里的食物是人的延伸，观其食可以知其人。红烧肉敦实饱足、童叟无欺，一看就长着张乐观主义的实诚脸。

肉能养美人。以前有部电影让濮存昕、邵兵演父子，父子同时与花样少女情爱纠缠，叫《与往事干杯》。少女美得气壮山河，是整部电影的灵魂，演员叫刘岩，当时在中戏表演系就读。剧组到美国拍戏，为改善伙食做了一大锅卤猪蹄。刘岩先打了一碗去吃，过了一会儿，碗空了，又打了满满一碗。大家赞叹，就该这样肉肉地吃下去啊，那才能滋养出乌黑长发如丝缎，肌肤光彩，明艳动人，样片看起来都比在国内的病猫形象漂亮太多。但是后来演她未婚夫的邵兵抱怨：她太胖了，我抱不动！这个刘岩，那时是尚未出道的李亚鹏爱得如痴如狂的女友，传闻正是为了追随她，李亚鹏才考到中戏新疆班的。

猪蹄这种东西对美人好。萧蔷在上海的宾馆撞伤头部后，为使伤口尽快愈合，特意让助理买猪蹄来炖，然后整碗全吃光。

台湾"女神"林志玲据说能吃肉，她曾在微博晒红烧肉照片，但被网民讽刺拍完照就扔筷子。她曾被爆工作时不吃东西，一完工一口气能吃三份牛排；曾被拍到全家人一起吃价廉物美的台湾老字号卤肉饭。她自己也承认："我特别喜欢吃肥肉，尤其是猪脚。"林志玲与木村拓哉主演日剧《月之恋人》，有场戏在东京的饺子店拍（那也是日剧《SPEC》中的饺子店）。木村拓哉饰演的莲介帮来自上海的林志玲往饺子上浇了很多辣油，就着米饭大口吃，一连吃了12个。拍完戏后，店家爆料说："木村不能吃辣，镜头拍完后连声说：'危险！太辣，太辣了！'而女主角林志玲就很能吃辣，一点事都没有。"《月之恋人》播出后，大批粉丝从各地赶去店里，要品尝他们在剧中吃的饺子。

就连减肥达人蔡依林，也被拍到与小男友锦荣肩并肩在露天夜市恩爱地吃平价牛排。老板娘透露，锦荣吃的是300元新台币的菲力牛排，蔡依林吃的是150元新台币的猪排，更夸张的是两个人AA制，分开付账。偶像剧《爱无限》里有首插曲唱道："就算没有太多的钱在口袋，还是想带我去夜市吃牛排。"于是，这歌词被电视台直接搬来调侃他们俩约会的"精简节约"。

人的本性是肉食动物。好莱坞女星格温妮丝·帕特洛一直走高贵脱俗的路线，是极其严格的纯素食主义者。她同时要求家里人茹素，连幼小的女儿"苹果"也必须坚持。女儿生日之际，格温妮丝自己动手安排了素食蛋糕，不让孩子沾染一丝荤腥。后来，摇滚乐手克里斯·马汀和格温妮丝结束11年婚姻，立即宣布：我不再是素食者。我要弥补这11年来错过的许多美好事物。

对于女星来说，要扮高贵就吃香菇菜心，要接地气没有比红烧肉更立竿见影的了。但这个时代，接地气才是主流。聪明的汤唯，就在"回锅肉"事件后特意澄清自己其实爱吃俗气的肉食，比如"杀猪菜"，不仅吃猪肉，还吃猪内脏。有意思的是，汤唯演了东北女作家萧红。那个一直在文章里处于饥肠辘辘状态的民国才女一定想不到，如今她的家乡已经把"杀猪菜"做成了一个大品牌，开出了许多专卖杀猪菜的大饭店。

新鲜的猪血灌成血肠凝起来，自家腌的酸菜香喷喷黄澄澄，肥肥的五花肉切成薄片一起入锅炖，煮得咕嘟响。焯猪肝、肥肠、肚子、猪舌、猪耳朵，还有柴骨肉，拿蒜泥、辣椒、盐水、酱油蘸着吃，一起上桌的还有酒。

张爱玲说："豆腐渣浇上吃剩的红烧肉汤汁一炒，就是一碗好菜。"身在吃货的世界，宜油腻宜重口。明星如何最迅速有效地曝露"真性情"、说出"小秘密"，那就来吃肉吧，而且最好是肥瘦相间、汁浓味厚、无人不晓的红烧肉。

屈原《离骚》里写："朝饮木兰之坠露兮，夕餐秋菊之落英。"如此高洁只是诗人的想象。在楚辞名篇《招魂》里，诗人显露了吃货的欲望："肥牛之腱，臑若芳些。和酸若苦，陈吴羹些。胹鳖炮羔，有柘浆些。……"看，肥牛蹄筋、吴国羹汤、清炖甲鱼、火烤羊羔，诗人的心也是向肉的。

重口味万岁！

春天的鲜肉和咸肉

　　不知从何时起，娱乐圈里年轻帅气的男艺人，被统称为"小鲜肉"。黄渤宣传《痞子英雄2》时自谦道："赵又廷就是瘦肉，林更新就是肥肉，他们俩是小鲜肉。嘿嘿，我嘛，就是那个五花肉。"

　　"小鲜肉"们血气方刚，没有不爱吃肉的。"都教授"金秀贤年少时曾寄宿于延世大学，学校的食堂供应非常价廉的炸猪排，这令他欣喜若狂，晚餐常常以香喷喷的炸猪排来大快朵颐。人气极高的90后男星鹿晗，被粉丝戏称为"标准的肉食动物"，爱吃烤肉，尤其喜欢韩国牛肉，香嫩美味。而另一位偶像吴亦凡，在宣传电影《有一个地方只有我知道》时抱怨导演徐静蕾残忍地不让他吃肉："我也很爱肉啊！"徐静蕾解释，吴亦凡因疲劳而略浮肿，不让他吃肉是为了消肿。

要保持"小鲜肉"的颜值，就得管住嘴，这就是做偶像的代价。对于这一点，闯荡娱乐圈多年的资深男星们，早已有了体会：肉是不能随便吃的，尤其是好吃的肉。那种没有调味的水煮肉片，谁都不喜欢，倒是会被要求一天吃六顿来增强肌肉，塑出人鱼线。

相比嫩生生的"小鲜肉"，年龄稍长的男星自嘲是"咸肉"。其实，咸肉可是很有滋味的，经过食盐与时间的淬炼，比鲜肉更香更有嚼头。对上海人来说，咸肉切成丁可以做好吃的菜饭，咸肉切成片还可以隆重地推出一道颇有时令特色的腌笃鲜。

到了春笋冒尖儿的时节，新笋嫩得简直坠地即碎，上海满城腌笃鲜飘香。"腌"指的是咸肉，"鲜"指的是鲜肉，整一锅汤已经煮得浓香四溢。汤里莹白殷红的咸肉与鲜肉，簇拥着主角春笋闪亮登场，吸饱鲜汁的百叶结在鼓掌。吃肉捞笋喝汤，完全停不下来。所以，只要是上海出来的明星，没有不惦记腌笃鲜的。

也是从"小鲜肉"一直偶像至今的上海人陆毅，特别爱吃红烧肉，39岁生日时被送了一个几可乱真的"红烧肉蛋糕"，绝对令人叹为观止。不过，陆毅接受采访时特别推荐了腌笃鲜。他称，家里的这锅汤，与笋在一起的有"半只鸡、半只鸭、蹄髈、咸肉、火腿、鲜肉、百叶包、百叶结"，简直豪华丰盛到了家。

与陆毅一起带着女儿上真人秀的黄磊，有一段视频很红，那是与学生海清一起配合演绎如何制作腌笃鲜，被网友称为"活久见"。黄磊有条不紊地讲解做菜步骤，海清在旁使出浑身解数表演出各种配菜。为了把五花肉表演到位，海清还不惜撩起衣服露出肚皮，供"切割、配料、风干"，演绎出了活色生香的"活菜谱"，被评价为："论一块咸肉的自我修养。"

最有意思的是土生土长的上海男星胡歌，以鲜肉与咸肉并存的腌笃鲜，来形容自己炉火纯青的而立之年："我现在的状态就像上海的腌笃鲜，里面又有鲜肉又有咸肉，你要什么我就给你什么。"胡歌的这个比喻，向全国人民推广了上海的"腌笃鲜"。然后，他就以《琅琊榜》红出了自己的第二波更高峰。

还等什么呢？赶紧来煲一锅试试吧。男神最好的味道，都在这锅腌笃鲜里。

好女孩与好蛋糕

这些年来，女人戏精彩的几部美剧一次又一次以漂亮小巧的纸杯蛋糕来诱惑我们。美剧《破产姐妹》让所有姑娘都眼馋薄荷、樱桃、枫糖口味的"迈克斯纸杯蛋糕"。另一部美剧《欲望都市》里，女主角凯莉和米兰达则坐在纽约木兰花蛋糕店，手里捧着招牌红丝绒纸杯蛋糕，在她们的男女话题里，男人仿佛也变成了蛋糕上的糖霜。

女孩在最佳状态时希望有块甜点相伴，而在她们感觉最差时，也都希望至少有块蛋糕安慰一下。蛋糕，总是那么轻易地与爱情联系在一起。

周慧敏爱吃某种口味的咖啡卷，竟然就执著地吃了十几年。她说自己从 1997 年开始，每天都吃咖啡卷当早餐："一起床便很期待吃到咖啡卷，每天如此，至今还不厌，朋友叫我试试其他饼店出品的，我也不加理会，因为我觉得这个咖啡卷已经带给我百分百满足，既然选择正确就锁定目标。"她这是借着咖啡卷表露自己的爱情观，生活和感情都一样，咬定青山不放松。这个咖啡卷无论是倪震每天早上亲自买给她的，还是在倪震与谷祖琳合开的甜品店里吃到的，那都已经不只是咖啡卷的味道，而是倪震的味道。所以，我们通过这个咖啡卷就能理解为何倪震与小妹子酒吧偷情后，全世界都在指责男人花心，而周慧敏却怪大家多管闲事，发声明力撑那个"咖啡卷"："我的伴侣绝对犯得起这个错误。"别人再力劝也是枉然，就好比拿另一种口味的蛋糕给她吃，她念念不忘的还是吃惯了的味道。

另一个好女孩陈慧琳也常给人不食人间烟火之感，她喜欢巧克力，也喜欢蛋糕。和周慧敏对咖啡卷的执著类似，陈慧琳曾经喜欢一种柠檬芝士蛋糕，必须是妈妈为她从小到大做的口味。但是，这款柠檬芝士蛋糕的方子丢了，此后她虽然到许多蛋糕店寻找过，但再也找不回那种味道了。执著于某种蛋糕口味的女孩，她们的爱情往往也执著单一。陈慧琳后来嫁的老公是刘建浩，两人谈了16年恋爱终于修成正果。这中间，两人也曾短暂分手过，但又迅速地复合。

女孩贪恋爱情，爱吃蛋糕，都是岁月最美好时的表现。那些青春佳人是怎么吃也不会发胖的，吃得越多，越让男人觉得她比糖果还甜蜜。章小蕙 20 岁出头时与白马王子钟镇涛热恋，坐在酒店咖啡座喝下午茶，边吃巧克力蛋糕边谈及婚后男人要给的零花钱："杂志费一万、糖果费一万、零用钱一万，共三万元一个月。"她吃了一块巧克力蛋糕，又吃了一块巧克力蛋糕，说自己一个下午可以吃三块。而男人笑容满面地看着她，说："她很能吃，但不会发胖，是个小白痴。"——"年纪比我小，皮肤白白的，又黐人。"

爱情易逝，红颜易老，良辰美景奈何天。来来来，我们这些好姑娘，无论生活会如何继续，都要坐下来细细地吃一块好蛋糕。

豪情万丈的生蚝

电影《憨豆的黄金周》里，憨豆先生见识了法国的大餐，一大盘蠕动着的生蚝和龙虾。这位对生蚝有恐惧症的先生，偷偷地把生蚝都倒进隔壁太太的手袋里。真是暴殄天物！

过去，大多数中国孩子是从课本《我的叔叔于勒》里见识生蚝的：小方巾托着，嘴很快地微微一动，就把汁水吸进去，壳扔到海里。漂亮太太们吃相优雅是此文的关键。莫泊桑是法国作家，法国人爱吃生蚝。到法国戛纳参加电影节，享受海滩与生蚝是许多人不可错过的，香港导演关锦鹏就曾对戛纳的生蚝赞不绝口。

拿破仑有句名言："生蚝是我征服女人和敌人的最佳食品。"想象下，肥硕的乳白色软体动物铺在冰块上，挤上柠檬汁，满满送入口中，仿佛海洋的滋味在体内扩散。西方人把生蚝称为"海中牛奶"，因其营养丰富，尤其生吃价值最高。生蚝不仅闻名于营养价值，还在于它结合了阴阳两性的特征：看起来像女性某些部位，吃起来却像富含锌的某种男性体液。

生蚝是奢靡而生猛的象征，明星是生蚝消费的一大主力。嫁入豪门的李嘉欣，一口气可以横扫十只生蚝。当年陈豪曾有过一段纸醉金迷的生活，到酒店吃生蚝大餐便是最主要的奢侈表现。当然，他很快穷了，老老实实当 TVB 艺人。陈奕迅的老婆徐濠萦被发现在跑马地享受贵价生蚝，而同一天，陈奕迅吃的却是街边鱼蛋，这个对比立即成了一条娱乐新闻：老公辛苦赚钱，老婆奢侈败家。

许多明星都拿吃生蚝当庆贺的高级食物，足证此物不是寻常餐桌上的东西，也可见明星一掷千金的"蚝"气。阿 Sa 夺金紫荆奖那晚，便包场吃生蚝庆祝，兴奋的她举起酒瓶便对嘴吹，脸蛋潮红。

骨瘦如柴的郑秀文竟然也极爱生蚝。2005 年《长恨歌》在威尼斯电影节名落孙山，郑秀文输掉影后，一众演职人员便不负责任地齐齐缺席颁奖礼，失落地跑到圣马可广场吃生蚝，与她同行的有关锦鹏、胡军等人。拍完《长恨歌》郑秀文便生病生到不见踪影，直到 2007 年才大张旗鼓地复出开演唱会。被问及身体如何，她的好友说："Sammi 在庆功宴上吃了六只巨型大生蚝。"立刻成为大新闻，因为能吃生蚝被视为胃口好、体力盛的表现，很多人消受不起，例如李克勤曾因吃生蚝腹泻 20 次。病恹恹的郑秀文狂啖生蚝，足以证明身子骨还健，荷包也富有得紧。

"飞轮海"成员辰亦儒爱吃生蚝，自曝早饭时曾吃下 12 只大生蚝，立刻被笑话问吃完后感觉如何，答："有一种要起来的感觉！"当然小年轻这是玩笑话，但生蚝屡屡与明星的情事一起上新闻却是事实。许晋亨和李嘉欣亲密之后要到餐厅大吃生蚝喝红酒，而刘嘉玲和梁朝伟当年在天后的明星蚝店和关锦鹏叙旧，梁朝伟狂吃生蚝……没多久就传出梁朝伟终于要和刘嘉玲拉埋天窗——结婚啦。

演过香港多部三级片男主角的任达华亦是贪食生蚝之人，曾在《安安美味约会》中透露和老婆琦琦一口气吃下五大盘生蚝，数目有近百只。主持人余安安说生蚝可以壮阳，有否食后更"强劲"。任达华笑说："你以为是谢霆锋吗，拿这些来搞！我只是喜欢享受食的过程。"当时正是 2004 年，谢霆锋自称："我镶了四卡的钻石在'下面'。"震惊的张柏芝还嘲笑他应该买保险。

事实证明，以钻石镶嵌"那话儿"未必是真，但谢家人确实对生蚝特别迷信。Lucas（谢振轩）出世之日，爷爷谢贤在医院里大肆宣扬生男经验："生不了儿子要怪就怪男的，要吃生蚝嘛，这样才够劲。"

日本是岛国，也吃生蚝。冰镇的生蚝搭配柠檬汁或红酒葱汁等，口味丰富。曾志伟在大地震后到日本拍摄《春之日》旅游节目，直言到南三陆吃生蚝极为过瘾："三千日元任吃，从来没有吃过那么新鲜的！"

生蚝的滋味也诱发了许多写作者的灵感。村上龙在小说里细腻地描述生蚝滑下喉咙的感觉："那是用夏布利冰过的生蚝滑入喉咙时的感触，那是充满情欲的感触。"村上春树也爱吃："先把西红柿和黄瓜切成了丁，撒上干葱；又用红酒醋拌上压碎的黑胡椒，添了些酸辣味；然后柠檬也切成了块，用蚝刀把生蚝打开，放在盛了碎冰的盘里，围成一圈，又放了些柠檬。"把蚝肉和壳里的汁液一口吞，大作家的豪情就这样一点点被释放了。

相逢一碗面

当邓文迪还是默多克夫人时,她曾经亲自下厨,在家做了牛肉面款待两位大牌女星——刘嘉玲和章子怡。做牛肉面,多简单的一件事啊,却成了并不简单的一桩新闻。因为,这一碗热气腾腾的牛肉面,让人品出的是两个女人和好的信息。

章子怡和邓文迪曾经好得蜜里调油,传闻那个华纳大股东男友就是邓文迪介绍给章子怡的。可邓文迪制片的电影《雪花秘扇》本来说好由章子怡主演,临了却被传两人闹崩,章子怡换成了李冰冰。而现在,章子怡吃上了邓文迪在家亲手煮的面条,似乎把那些不快也都嚼嚼烂咽下了肚。

刘嘉玲在吃到邓文迪做的面后道:"这个点上在你家吃到你亲手做的牛肉面,很幸福。"她早年主演的周星驰电影《大内密探》里那句关于面条的台词，一直被无数人奉引为"平凡幸福"的至高境界。无论周星驰演的阿发在外多么落魄不得志，甚至疑似有外遇，刘嘉玲演的妻子都会忽然转个话题，问一句："你肚子饿不饿？我煮碗面给你吃好不好？"这一招屡试不爽，化解所有烦愁。

同样的场景，在张艺谋前妻肖华所著《往事悠悠》里也有出现。肖华洗衣服时发现了巩俐写给张艺谋的情书，尽管当时感觉五雷轰顶，仍旧给丈夫做了他爱吃的面条："下午六七点钟张艺谋回来了，说他还没吃饭，我给他下了一碗面条，自己不想吃，就默默地坐在床上看着他吃。我脑子里一片混乱，似乎丧失了思维能力。张艺谋一边吃，一边对我说：'这件事我本来没想瞒你，回来后一直很忙，想等忙完后再告诉你，在山东我们俩还没有什么，到宁夏后，发生了那么几次……'"

张艺谋对面条是绝对的真爱。《秋菊打官司》里，张艺谋多次用镜头特写农村人做面条吃面条的场景：炒白菜，拌油泼辣子，浇醋，全家人蹲着，哧溜哧溜地享受面条，那个专注那个解馋！他后来导演的《三枪拍案惊奇》英文名直译的话，就是"一碗面条的简单故事"。宣传时，张导带领闫妮、小沈阳等人一起捧着大碗吃油泼辣子面，而电影中最让人印象深刻的正是油泼面。在张艺谋和陈凯歌成为前呼后拥的大师前，曾经一起在家吃过面条。肖华写道："那天我做卤面，陈凯歌见我把生切面放在炒好的菜上焖，觉得很新鲜，面熟后，他吃着连说，好吃，好吃。"白洁的面条不仅是一种可以迅速让人填饱肚子的食物，也往往象征着质朴的情义。

在娱乐圈里，面条时常是被用来晒幸福的道具。黄晓明在《锦绣缘》里耍酷演"左二爷"，回家后卸下霸气当暖男，为女友下厨做炸酱面。女友夸赞："黄氏销魂面 by'左二爷'，评分：5 星。"照片里，黄晓明炒的肉丁有满满一大锅，端上来的炸酱面却是翠绿雪白绛红的一小碗：摆着整齐的黄瓜丝、萝卜丝、芹菜末，浇上浓稠的肉酱，看起来似模似样。

不过，最爱炸酱面的还得数"北京大妞"章子怡。多年来，每当她要表达想家的意思，都会感性地说"想吃妈妈的炸酱面了"。章妈妈的炸酱面长什么样？全国人民都已经看到了。在章子怡凭"宫二"一角拿到第十个最佳女主角奖之际，她对坐在底下的父母喊道："今晚十全十美了，明天晚上，我们煮碗炸酱面庆祝吧！"果然，不久以后愿望实现了，章子怡特意把影后奖杯和一大碗炸酱面摆在桌上合影留念。这碗炸酱面可是比黄晓明做的更丰盛，菜码堆得冒尖，眼看着都要从面条上滚落下来。

面条文化在中国东南西北遍地开花，看似简单却能组合搭配出许多花样来，品种繁多。各地的明星都有藏在内心深处的"私房"一碗面。重庆人爱麻辣鲜香的小面，张晋说："吃小面是种情怀。"台湾人爱酥软的牛肉面，周杰伦也会悄悄地潜入夜市吃永康牛肉面。香港人中意爽滑弹牙的云吞面，爱吃的谭咏麟总结道："出锅的云吞面一定要在三分钟内入口，那样才能不软不硬。"上海人推崇两面黄，炸过的面条丝丝缕缕地抱卷成一团，虽然被镀了金，内心却是千疮百孔，显得有些太复杂了。

面底卧个鸡蛋，面上来根香肠，再淋点香油，必定好吃。又细又长的面条，很容易煮熟又丰俭随人，总能让人吃得酣畅淋漓，可算是最快传递情谊、温暖人心的食物。在外红得发紫的女明星，大多数不擅长厨艺，她们在自家灶炉前的最高成就，可能就是下一碗面。甚至有香港的导演说：女生下面条的样子最让人心动。邓超不幸发起高烧，惹来众多粉丝嘘寒问暖。他倒是第一时间在网上晒出了太太孙俪下厨煮面的照片，感叹道："生活，就是媳妇给你下的面条。""甄嬛娘娘"的这碗面，想必是好吃得要流泪了。

成龙庆贺六十大寿是件娱乐圈大事。连续数日的寿庆，阵仗堪比国际电影节红毯。不要说香港明星了，内地大腕也来了许多，姜文、赵本山、葛优、李冰冰、白岩松、杨澜、陈鲁豫、黄渤……还专机接来韩国的金喜善。听上去好似八竿子打不到一起的名人，为了"大哥"生日聚拢到了一起。不过，成龙的生日慈善晚宴很简单，只为嘉宾准备了两碗面：一碗是长寿面，一碗是宽心面，外加大盘寿桃。

记得成龙在电影《警察故事》里表演过吃面条，没有筷子，就用两根铅笔夹面条吃。那一幕已经成为经典的吃面桥段。这一次众人"举筋食汤饼"，可以算是影坛最盛大的集体吃面行动。赵本山手端着碗，吃面吃得尤其认真。吃了生日面，直奔慈善晚宴主题，嘉宾将六位数、七位数、八位数的钞票掏出来，以真金白银在拍卖场上讨寿星公欢心。

想当年，成龙的生日派对可没这样"公益"，总是美酒、美食、美女齐集。2001年，成龙办47岁生日派对，最抢眼的是章子怡。她豪放地五次献吻寿星，与成龙同饮一瓶香槟、共喝一瓶矿泉水，还手托生日蛋糕，众目睽睽塞入大哥口中"分甘同味"。那个时候，成龙的儿子房祖名还在国外，没有入娱乐圈。而随着儿子出道，自己年岁渐长，成龙收敛起昔日风流，生日总有家人身影。他说，很遗憾自己父亲六十岁生日时，没有陪在他身边。

吃了长寿面，人生进入新境界。有人生日众星拱月，有人却形影相吊。和成龙大哥合唱过《明明白白我的心》的女歌星陈淑桦，是悄然度过自己五十大寿的。那日，她独自一人出门，买了巷角一碗干拌面，坐在小公园石椅上，默然而专心地把自己的生日面吃完，双手合十默念感恩。面摊的老板娘说，陈淑桦偶尔来买干拌面，总是不加葱也不加猪油，清清淡淡，只要求多加点麻油与青菜。

烈火烹油、鲜花着锦是一种活法，清淡寡欲、低调内敛又是一种活法。生日吃碗面，未来日子长。

赴一场火锅约会

　　"擦肩而坐，耳鬓厮磨"，热乎乎的火锅最适合骤寒的秋夜、新交的情侣。牛羊肉的颜色本身就很妩媚，切成薄片，红是红，白是白，摆出来像朵大大的芙蓉花儿。火锅最能考验鲜肉的味道，在汤里涮一下，又在调料里滚一下，入口即化、细腻无渣，香得好像一阵风。隔着水蒸气，对面恋人的脸也如此粉嫩，眼神恁般饱含深情。

　　中国明星聚餐，无论是两个人还是 20 个人，无论是新朋还是旧友，都极其钟情火锅。章子怡与王力宏合作《非常幸运》，在高档火锅店谈笑风生。郭富城曾经带熊黛林吃最爱的火锅，一吃三小时。王菲爱麻辣火锅，开演唱会时也没忌辣，一下飞机便奔去成都火锅店，吃了牛肉、黄喉、鹅肠等。娇小的软妹子周冬雨，曾经被拍到与高大的林更新约会，吃的也是火锅。曾志伟拍戏时说："我们每天在现场涮羊肉，火锅就永远开着，可以到车上喝点儿热汤、吃点儿肉，温暖温暖。"狄龙是香港人，香港管火锅叫"打边炉"，他说与儿子交流不畅时就一起吃火锅聊天，"香港人吃火锅其实就是吃一种气氛，一种团结"。

要说哪种食物最能消除平民与明星的距离，那铁定是火锅无疑。火锅本是平民食物，吃起来方便，滋味浓郁。有钱人也喜欢火锅，于是高档火锅店越开越多，消费不比西餐大菜便宜。大家把筷子伸入同一个大锅取食时，情谊也更相通。重庆搞万人火锅宴，一次能消费几十吨毛肚，那种气势恐怕只有万人小龙虾才可比拟。

主演电影《火锅英雄》的陈坤，是地道的重庆人，尤其热爱火锅。他曾在微博发文："六月热盆景，个个汗如雨，围到桌桌坐，肚儿圆鼓鼓！"立即被网民认出是重庆两路口的某家老火锅店。店主人特意保留了陈坤点菜的单子，11个人一共吃了19个荤菜、12个素菜，包括鲜毛肚、鲜猪黄喉、牛蹄筋、梅林午餐肉等，一共花费500多元。

另一次，陈坤带着母亲与那英在重庆江北人行道上当街吃火锅。据闻这家店是陈坤下岗的亲舅舅开的。本来，店主专门给陈坤一行安排了店内的隐蔽位置，可那英却挑了人行道的露天位，说在外面更凉快。于是，人行道上拼了两张桌子，那英和陈坤压低帽檐，开始大吃特吃。结果，两个大明星很快被路人认了出来，迅速遭到围观。陈坤与那英在路边摊吃了整整两个小时火锅，替火锅店宣传的目的顺利达成。店主人透露："那英、陈坤口味都特别重，要的中辣锅，陈坤从小就爱吃老肉片，今天吃得比较多，鸭肠也吃了不少，那英主要是爱吃素菜。"

吃火锅要的就是场面热闹。清代乾隆皇帝在宫中摆"千叟宴"，吃的就是火锅，请来五千多人共享盛宴，还可以保证每一桌食物都是热乎乎的。明星聚餐约会最爱吃的也是火锅，丰俭随意，有滋有味，而且就算晚到一步，加双筷子就能坐下捞菜，火锅一如既往忠实地咕噜着，维持着一起聚餐的热度。

香港女作家李碧华说："爱一个人，请带他吃牛肉火锅，他会因此更爱你。不爱一个人，也请带他吃牛肉火锅，他会因此忽略你。"娱乐圈的明星中，有许多故事都是在火锅桌边发生的。周迅与高圣远的恋情首度被曝光，就是在巴黎的火锅店里，两人甜蜜对望、互相打闹。贾乃亮第一次见李小璐也是在火锅店，他说："看到你很激动不好意思差点把手机掉火锅里……"难怪很多明星开饭店，第一选择就是火锅。任泉的火锅店开了一家又一家，眼馋的李冰冰与黄晓明等人也加盟进来当老板。

喜欢辣的郝蕾说自己曾经一天三顿都吃火锅，溅一脸红油，染一身重味。她导演的微电影，名字就叫《火锅》，由来自四川的歌手谭维维与王铮亮主演。男女之间的感情纠葛，正如火锅般忽而麻辣霸道，忽而细腻清新。无论是柔嫩的鱼丸蛋饺，脆生的藕片笋尖，还是粗犷的羊肉毛肚，都要纵身投入滚烫的锅中，感受百般滋味的翻滚沉浮。

记得以前穷中吃

舒国治有本书叫《穷中谈吃》，说："国人记忆里的食景之美，多在物质之粗简，所谓雪中炭，而少在盛筵之丰丽，所谓锦上花是也。乾隆的'金镶白玉板'（豆腐煎之呈黄）、'红嘴绿鹦哥'（菠菜）是，慈禧逃难中的窝窝头亦是。"大人物潦倒时的一餐堪可回味，大明星未成名前，也有不少人穷得吃不上饱饭。

香港虽然经济起步早，但不少明星年少时挨过饿。任达华由母亲拉扯大，穷得连吃早餐的钱也没有，常常饿着肚子上学。每个礼拜三，他到跑马地，排队领取粗糙的白米及番瓜来糊口度日。

青春发育期胃口好，越是没钱满足食欲，越是馋。梅艳芳小时候很穷，和姐姐卖唱维持一家生计。她家对面是"皇上皇"烧腊店，还有一家冰淇淋店。可是她童年时从没吃过鸡腿和冰淇淋，总在寻思怎样可以买到一只烧鸡。每天路过冰淇淋店，她都想对着那个巨大的塑料模型冰淇淋一口咬下去。八九岁时，梅艳芳终于从妈妈手里领到了第一笔零用钱，她拿着五块钱，买到了梦想很久的烤鸡，捧在手里闻了半天，舍不得吃。小梅艳芳还要替人看管婴儿补贴家用。她嘴馋，看到婴儿的奶粉忍不住偷吃，有一次嘴里塞满奶粉撞上了女主人。

梅艳芳回忆："那时候啊，一块牛油，加点美极豉汁，'捞'在饭中，我便可吃两大碗。"许多香港人都曾有过刻骨铭心的"捞饭"经历。捞饭就是拌饭，只不过梅艳芳用牛油，更多人用猪油。全体港人怀旧的猪油捞饭，正是源自匮乏的美食。

国外也有不少明星有非同一般的"贫穷传说"。韩国大把明星苦出身，Rain 说因为没钱曾经一连饿了五天。出道前跟着恩师朴轸永，每星期被带到中国餐厅饱餐一顿。Rain 吃饱后，看桌上还剩有食物，就跑到厕所吐光，再把桌上的食物吃掉。因为他怕过了这顿之后就再也吃不到美餐。

日本艺人也有营养不良的。泷泽秀明由单亲妈妈带大，为了节约伙食费，饺子馅里都不用肉，而是改用日本最便宜的罐头金枪鱼。菅野美穗说小时候家穷没吃过什么好东西，因为缺乏维生素嘴角经常开裂出血。

如今已是一线男星的堺雅人，奋斗期的贫苦往事也流传到了中国。本来，堺雅人家里是开渔具店的，自己又上了早稻田大学，根本不穷。但他大三时擅自退学去演戏，父母与他断绝了关系。此后年轻的他过得很潦倒。堺雅人喜欢吃寿司，穷困时，他把广告传单上的寿司照片贴在墙上，在照片上写"想吃寿司"。他最著名的段子是采蒲公英吃："那时候什么都要省，还在路边摘蒲公英蘸黑醋吃呢！因为我觉得不吃青菜不行啊，像平常那样烫一下，带点醋味的很好吃。"

吃得苦中苦，方为人上人。这话放之四海而皆准。

高傲的蛋炒饭

木村拓哉来上海拍过好多次戏。日剧《华丽家族》拍完在上海的杀青戏后，剧组在万体馆的一家沪上老字号饭店设宴庆祝。没想到，木村拓哉最爱吃的却是这家饭店几元钱一客的炒饭，竟然一连叫了三大碟，伴着炒饭喝的是从日本带到上海的红酒。三份炒饭加半斤红酒，这是当年日本演艺圈最红的头号男星的"华丽晚餐"。爱吃炒饭，自己也能露一手。成龙到日本宣传电影《神话》时参加《SMAP×SMAP》，就吃到了木村拓哉在节目里亲手炒的炒饭，大赞特别好吃。

台湾偶像剧大行其道时，拍过一部《翻滚吧！蛋炒饭》，男主角经营的料理名店就叫"蛋炒饭"，只在午餐时间限量供应美味的蛋炒饭，而且除了蛋炒饭，这家店的其他料理都令人难以下咽。这部剧的经典场景就是偶像炒饭，一手颠锅，高喊"滚吧！滚吧！"让金黄色的饭粒在锅间闪烁跳跃。光是蛋炒饭好吃，就足以支撑一家店，这是可以相信的，尤其在午间。

炒饭是样好东西，可丰可俭。简单的炒饭，打个鸡蛋就可香喷喷地暖人肚。奢侈的炒饭，层出不穷在饭里现身的有干贝、龙虾肉、鲍鱼、鱼翅……山珍海味，只要想得到的，都可以入锅同炒，你中有我，我中有你，不分彼此。

不仅食材可简可繁，就连吃这客炒饭的人与环境也是孤独、热闹两相宜。一个人下班晚回家，可以飞快地炒个饭独自默默地扒完米粒。一群人碰杯围桌，烟雾缭绕，酒兴正酣，也可以期待满满地舀桌子正中那盘油亮亮的炒饭。黄渤演过一部电影叫《蛋炒饭》，时代背景从上世纪70年代至今，傻兮兮的男主人公最后终于做出了世上最好吃的蛋炒饭，每天供应80份，集合了米饭、鸡蛋、油、盐，以及爱，被美食家夸赞是失传已久的"菩提玉斋"，里面有人生的味儿。是的，蛋炒饭总是能令人想起人生况味来。

2013年，冯小刚的喜剧《私人订制》排入贺岁档，本来给人一种大神归位的感觉。但是，片子一放，一些人泄了气，一些人拍案而起，华谊股价下跌，冯小刚的金字招牌摇摇欲坠。对于"炒冷饭"的质疑，演过杜月笙的冯小刚回答得十分霸气："《私人订制》也可以叫《甲方乙方2》，我是为了躲避这个'2'字，改名叫《私人订制》的。但我不认为《私人订制》是在炒冷饭。就算是炒冷饭，那又怎样？《007》炒了多少？这饭值得炒。我一天当中吃得最香的一顿饭，就是凌晨两点多钟起来炒冷饭，最好吃，最入味。"永远理直气壮，和郭德纲很像。

"隔夜冷饭，鸡蛋，葱花，不外如是。炒得香，又美观，人称'金包银'，每一粒饭，裹了一层蛋，雨露均沾，粒粒不相干，姿态高傲。"这是香港作家李碧华笔下的一碟炒饭。

最喜欢这一句"姿态高傲"。武侠小说家古龙当年与台湾黑道起冲突，差点被砍断手。伤愈后，对方请吃饭赔礼，留了瓶最好的白兰地等他开。结果，古龙在家中赶稿迟了，来了之后一边开酒一边打量着满桌名贵的鲍鱼海参，高声说："伙计，来一碟蛋炒饭。"对方大怒，认为这是不给面子。有人解释：不是不敬，而是因为古龙最爱吃的东西就是蛋炒饭，吃一碟炒饭下肚，才可以痛快喝酒。

好酒，好菜，都不如平平一碟炒饭落肚踏实。

突然想吃巧克力

村上春树自称不爱吃甜食，基本不会买巧克力。可不知为何，每年总有两次被强烈的欲望袭扰："不管三七二十一，现在马上就要吃巧克力！"仿佛身体里藏着爱吃巧克力、性情狂躁的小矮人。他只能二话不说飞奔进便利店，买下杏仁巧克力，一路撕包装，"像暴风雨之夜饥肠难耐的恶鬼，将整整一盒狼吞虎咽地统统吃下去"。

这种突然想吃巧克力的情况，很多人身上都曾经发生。央视《新闻直播间》节目的女主播，在报道完"1米高、60千克重巧克力"的新闻后，忽然一改往常正襟危坐的端庄形象，出人意料地冒出一句："我去吃块巧克力，一会儿见！"引发观众爆笑与集体吐槽。看来，女主播也像村上春树一样，体内住着的"巧克力小狂人"醒了过来。

如果食物也能恋爱的话，巧克力一定是头号情人。多少年来，人们对巧克力说的情话车载斗量。有人说："十个人中有九个喜欢巧克力，而第十个在撒谎。"有人说："其他食物不过是食物而已，然而巧克力却是巧克力。"朱丽叶·比诺什演过一部浪漫电影《浓情巧克力》，发生地是1959年的法国小镇。巧克力让死气沉沉的小镇重又焕发活力。女主角给孩子讲了个童话：很久很久以前，有一位法国青年和一位玛雅少女相恋，他们古老的配方加上凛冽的北风赐予巧克力无穷的魔力……

身体里躲藏着"巧克力小狂人"的明星着实不少。尽管人人皆知高热量甜食是保持身材的大忌，可就是欲望高涨，难以抗拒。"永远的公主"奥黛丽·赫本倒是一辈子都没发胖过，她年少时经历了物资短缺的二战，整天幻想能吃块巧克力蛋糕。战争结束时，她一口气吃光了士兵送的巧克力，结果生病了。从那以后，美女的人生里一直没断过巧克力。今时今日有专家严肃地宣布"下午千万不能吃巧克力"，而赫本总是在午睡醒来之后，独自吃光一整排巧克力。她说："你必须承认，醇香可口的巧克力对很多人都有重要的意义。它对我也一样。"或许正因为有巧克力陪伴，她的一生到终了仍可算是圆满甜蜜的。

郭晶晶以前参加奥运会带的零食也是巧克力，甜蜜的巧克力能迅速满足味觉与热量的需要。领队周继红说运动员都很爱巧克力，因为她们的胃都很小："都是被饿小的。为了完成动作，女孩子训练前根本不敢吃东西，只能在训练后吃些补充热量的东西，首选就是巧克力。"郭晶晶对私生活十分警惕，她是这样吃巧克力的：让相熟的记者做人肉挡板，然后蹲下身子飞速将巧克力塞入嘴里。

梁实秋论"馋"时一语道破："人之最馋的时候是在想吃一样东西而又不可得的那段时间。"大 S 当艺人时拼命节食减肥，做了准妈妈后一度非常想吃巧克力，但老公汪小菲怕孕妇易得糖尿病不让吃，大 S 竟然藏了一盒暗地里偷吃，还深觉自己非常"窝囊"："真的很不爽走到这一步，我是母亲，我要光明正大吃甜的。"这也属于被"小狂人"突袭打倒了。

不独女星受不了巧克力的诱惑，男偶像也承认自己的迷恋。谢霆锋最爱的是风味浓郁的纯黑巧克力，可以一天不吃饭以此度日。星光熠熠的金马奖颁奖典礼上，打扮光鲜的他躲在底下吃带进场的巧克力。被主持人曾宝仪揭破后，整场人都看向他……于是，"我就开始在会场到处扔巧克力给大家吃。"接啊，抛啊，吃啊，那可真是"巧克力小狂人"的集体大爆发啊！

明星的食物癖好

英雄不问出处，食物却能出卖英雄的来路。明星的饮食喜好，大半脱离不开家乡口味。上海姑娘黄奕会在相熟记者面前，一口芝麻一口油地享用生煎馒头，乐惠地接受采访。

小沈阳第一次与赵本山上央视春节晚会表演小品，一夜成名，红得翻天覆地。新鲜热辣正当红的小沈阳，那年春节过后不久在南京某家五星饭店用晚饭，遭到服务员围观。猜猜他吃的是什么？先要了一碗泡饭，以及五个荷包蛋，一通狼吞虎咽埋头猛吃！小沈阳＋五星级酒店＋泡饭，这是多么神奇的组合呀。

但有些明星的爱好，就让人觉得匪夷所思。比如郑元畅说他曾经因为性格孤僻，竟然喜欢吃卫生纸，而且压力越大越要吃。吃卫生纸这种宅男怪癖，好在自个儿躲一边吃，不妨碍人，最雷的是朱孝天的癖好：酷爱闻醋味！他和李冰冰演《天空之城》时在西双版纳住了两个月，所有人一进这家星级酒店就闻到浓烈的醋味！原来，朱孝天要求酒店在大厅里放一缸醋，"这样他每天在此进进出出就能闻到阵阵醋香"。酒店对明星的谄媚，毫无下限啊！要知道在有些宾馆里，连榴莲都不允许客人带入呢。

有些人的食物癖好是遵从胃，另一些则完全是和自己的胃逆着干，尤其是那些爱穿高跟鞋的瘦女人。

维多利亚·贝克汉姆曾和英格兰球员家属团同住豪华酒店。一周后，家属们发现她的惊天秘密：维多利亚竟然每天都不吃饭，只吃草莓，喝矿泉水！"每次当大家都在享用美食的时候，她总是对沙拉等各种食物看都不看，不论早餐、午餐还是晚餐。"

于是，就有时尚界的姑娘大呼小叫："当然要吃草莓！小嘴一嘟，根本不用大牙咀嚼，这样腮帮子就不会被食物撑大！就可以瘦脸！"那是，你见过维多利亚咧嘴笑过么？她的腮帮子和她的双脚一样，永远保持固定姿态。

草莓加矿泉水，听起来太高端太仙女了。把"回锅肉"改成"香菇菜心"算什么小清新，应该顿顿吃草莓，偶尔来点樱桃。就这样的吃法，骨瘦如柴的维多利亚竟然还能生下三子一女，实在了不起。要知道大 S 减肥茹素搞坏了身体，为了怀孕曾天天喝鸡汤调理呢！

而维多利亚的老公贝克汉姆，被曝痴爱方便面。49 便士一包，他每次买上 20 包，通常是鸡味面，有时也买牛肉味。维多利亚说老公要求"放饮料的冰箱里所有东西都对称放置"，不会让冰箱里出现奇数。这对夫妇都有私人营养师，不知道营养师会不会抓狂。

运动员爱吃方便面的也不在少数。中国举重队爱鸡汤方便面，刘国梁亲自煮方便面犒劳国乒主力，专载奥运运动员的飞机舱内弥漫着方便面的冲鼻气息，而韩国体操运动员获金牌后被奖励免费吃一辈子方便面……奥运会的厨师可以集体拿头撞烤箱了。

女星的厨艺等级

有一位前期纯情后期放浪的女明星，托人找出版社出一本她做菜的书。未果。想也想得出，这样的菜谱书，多半会变成美女的厨房写真秀，她的脸庞准拍得比盘子里的糖醋排骨还要大。

一般女星开始出菜谱书或开烹饪节目，就预示着离主流娱乐视线远了，从风口浪尖退了下来。有本书叫《给莫文蔚的健美食谱》，提供菜谱的是她爸爸，莫文蔚自己在家根本不做饭煲汤。通常，食与色是紧密相连的。当红女星贡献色，你们谁见过李嘉欣、刘嘉玲做菜了？

奥黛丽·赫本的儿子卢卡·多蒂出了本书专门写家中的奥黛丽，她爱吃又会做的是番茄酱意面。据说她对此非常着迷，一星期至少要吃一次，配料有罗勒、大蒜、芹菜、胡萝卜、奶酪以及很多新鲜番茄与番茄酱。

索菲娅·罗兰年轻的时候当真丰乳肥臀，光顾着在摄影机前摆姿势，直到 64 岁才出了本叫《索菲娅·罗兰的烹饪与回忆》的菜谱书，印刷精美绝伦，几乎成为她的近影写真集。

此位意大利美女对烹饪好奇又有心。她随吃随记，碰到没吃过的美食一定要请教厨师把方子记下来。这样的菜谱方子在抽屉里收了满满一盒子。她拍戏时会要求住的宾馆带厨房，某次住酒店晚上饿了，索菲娅·罗兰找出燕麦、香料、橄榄油、鸡蛋、罐头鸡汤和奶酪，心满意足地做了燕麦汤吃掉上床。

正因如此，索菲娅·罗兰才能比如今骨瘦如柴的美女要丰满健康。想想蔡依林，吃的是啥？白开水煮两片青菜叶子。蔡小姐作秀上《美女厨房》节目，被批评厨艺笨拙以致走光。她那期节目刻意突出的不是菜本身，而是"脱脂奶炖木瓜"的成果，更何况抛印度薄饼这种性感动作太有表演性了。那期做菜节目被人狂批评的还有她那尖长的涂满化学色素的指甲，反对者称她做的食物是有毒食品，恶心死了。后来，蔡依林迷上的是翻糖蛋糕，"地狱女神"拿过银奖，"梦露"拿到了金奖，完全是雕塑手艺。

拍摄《美味的童话》时，侯佩岑剪掉了指甲，指甲油也不擦，跟着老师学烤法式甜点舒芙蕾。但这部戏，厨艺进步最大的还是周渝民，本来只会泡面，宣传时被报道一餐六道法国料理都能做了。

美食电影、电视剧里，男人当厨师的多，女人最多捏捏面团，撒点巧克力粉，装装样子做蛋糕，根本不必靠近烟熏火燎的大油锅，也不必举明晃晃的刀把胡萝卜切成丝，例如金三顺。

看过《大长今》你以为李英爱真的会做菜？镜头里那双麻利切菜的手白白胖胖的，出自韩国宫廷料理传人韩福丽。李英爱足足学了2个月做菜，又在6个月里不断边拍边学，也只会在家做做泡菜汤，到底还是把自己的手指切开了，血流不止，吓得她哭了很久。那位美丽的韩尚宫梁美京，名气不如李英爱大，结婚多年，依旧不会做菜，家里都是她老公下厨。

真的，结了婚，也未必意味着女星就此厨艺高超起来。玛丽莲·梦露是家务活低能，她老公只想吃点细面条，她都搞不定。

张柏芝还是谢家小媳妇时也不如婆婆能干。她的饮食习惯让狄波拉很头疼：儿子是牛肉狂人，媳妇一点肉都不碰，从小到大竟然没吃过芒果。张柏芝婚后呆在家里时间太多了，总算曾经到厨房，亲自煎过牛扒。

男女情事，到后来总能归结到食物与性的回忆上。陈慧珊用英文写专栏，排列西式食物情色如诗，翻译成中文："从梦里醒来，我依然想给你……鸡蛋黄、玉米薄饼、柠檬松饼，每一样都是金黄色的，在凌晨5点之前我把它们放进你的早餐托盘。新鲜的黄色雏菊、阳光晒熟的番茄、樱桃处子红般的草莓，我亲手摘自我们的庭园，在清晨6点之前装入你的早餐托盘。甜蜜的肉桂烤面包片、涂满花生黄油的法式烤面包片、蓬松的浅棕色蓝莓煎薄饼，早晨7点时我为你烹制这每一道美味……这一切都使得我们凌晨3点的那场争吵美丽起来。"

还有一段写前夫给她做早餐："每次我咬下第一口你做的三明治，不用担心里面会夹着我不爱的蛋黄酱、芥末或黄油——那是一片火腿、一份煎蛋，切好片，涂好了芝士，外加花园里自己种的番茄一两片……你曾那么用心地爱过我：也可能只是因为，我真正想品尝的，只有你……"

最后一句话写得太妙了！这些都写于她离婚后。

爸爸下厨记

  在许多人看来，爸爸不会做饭是理所应当的。所以《爸爸去哪儿》第一季里，除了学过厨的张亮外，其余明星爸爸都不太会做饭，这成了节目一大笑点所在。

  北方腔的郭涛做来做去都是面条，出发去沙漠前带儿子买的食材是袋装方便面。重庆长大的田亮图省事，采购的是一大包火锅底料。嘴巴很甜的林志颖做饺子，擀的饺子皮厚薄大小不一，剁起馅来更是猪肉横飞。粤菜厨子出身的模特张亮，把馅饼都煎糊了。还有李湘的老公王岳伦，酷爱辣椒，做出来的面疙瘩辣得孩子没法吃。他们做的菜，被称作"黑暗料理"，可是小儿女们并不嫌弃。

  在一众爸爸里，黄磊恐怕是厨艺最好的。他热爱做饭，家里厨房竟然有七个灶眼，曾扬言自己在家从来不会让老婆进厨房，以后也坚决不让女儿学会做饭。他的拿手菜很多，炒土豆丝、炖红烧肉、湘菜的腊肉香干煲、本帮菜的腌笃鲜，都会做。平时如果到朋友家吃饭，他也会拎着一锅事先熬好的高汤过去。第二季的《爸爸去哪儿》请来了黄磊与女儿多多，让全国人民都见识了"黄小厨"的手艺。不过，一旦爸爸们都会做饭炒菜了，节目反而就不如第一季欢乐了。

　　谢霆锋重塑"好男人"形象也是从秀厨技开始。离婚后的他穿着运动服，为朋友们做了一道酥皮火腿蘑菇焗牛扒。母亲狄波拉与他一起逛超市选食材，不失时机地透露："霆锋最近爱上了烹饪。"陈奕迅太太徐濠萦极力夸赞谢霆锋的西餐厨艺，从前菜、主菜到甜点，全部独立完成，卖相丝毫不逊于餐馆专业水准。不仅能做好焗牛扒、白汁青口，还研究起极品鲍鱼这样的中餐，无一例外走高大上路线。谢霆锋说："烹饪是我离婚后才开始专心做的事情，成为我的一种疗伤方式，就像是精神伴侣。"他的综艺节目《十二道锋味》播出了三季，第一期节目就请来了同是处女座的范冰冰，当面制作了一款舒芙蕾。他说："女人就像好吃的舒芙蕾。看起来很容易搞定，其实常常捉摸不定。"

　　大多数明星爸爸，成日在外拍戏工作，顿顿吃剧组提供的盒饭，根本不懂油盐柴米。成龙在电影《新少林寺》里演煮饭僧，但在现实生活中完全不会做饭。他唯一会做的菜是洋葱猪扒，那是在西班牙拍电影《快餐车》时洪金宝教的。那时，他每天做好几个猪扒，夹在面包里当早餐。现在也已经20年没再做过，恐怕早已忘记。成龙感慨从未给儿子房祖名做过饭，但儿子的厨艺还不如自己："他连鸡蛋都不会打！到哪里都是吃快餐。"

　　有些偶像明星悄悄地当上了爸爸，真是比厨艺更出人意料。公开已有一双儿女的文莱艺人吴尊，不仅爱小孩，而且善于做菜。作为家中最小的儿子，他经常看妈妈在厨房忙碌，12岁做出人生第一道菜"咕咾肉"，一次成功。他说："只要一回家，就做菜给爸爸妈妈吃。我最拿手的料理是西餐，还有调鸡尾酒。"在欧洲，意大利菜风靡。贝克汉姆在女儿降生之际，亲自下厨烹调意大利烩饭，用高汤把米粒煮得黏黏的，加入大量奶油，父爱感动了亿万粉丝。

　　在东方卫视真人秀节目《顶级厨师》里，李宗盛为女儿做了一款"爸爸面"。从制作面团开始亲自料理：将小麦粉与鸡蛋拌和，加入特级橄榄油、盐、胡椒，揉至面团不粘手，放在冰箱里醒发，再加工成面条。配料则有辣味的萨拉米肉肠、洋葱、圣女果、黑橄榄、白酒、香料、番茄汁，最后再撒上一些苹果丁。虽然爸爸和妈妈离婚分开了，但这款"爸爸面"代表了无尽的父爱。

拍戏时吃什么

　　周星驰的《喜剧之王》让领盒饭情节成了经典。"领盒饭"的潜台词引申为"你没戏了"。这盒饭是香港茶餐厅最常见的叉烧饭，白米饭上堆着红艳艳的叉烧肉，还配有烫熟的青菜。在他的另一部电影《食神》里，平民的叉烧饭配上了煎蛋，还有个名字叫"黯然销魂饭"。

　　多少演员，多少导演，日复一日地工作拍戏，拿到手的正是一份"黯然销魂饭"。事关剧组民生，盒饭是个大问题啊。网上流传的"张艺谋剧组领盒饭经典吵架"视频，起因就是不见了导演的卤蛋！有叉烧饭吃的演员看看那个视频吧，真的不必黯然了。

　　演员朱梓骁抱怨过剧组晚餐的盒饭："不要觉得我们演员吃得有多饕餮，用得有多奢华，我们有时候也蹲在路边吃，有时候也没桌子。今天晚饭炒萝卜丝、炒豆芽、拌干豆腐、炒韭黄丝、炒茭白丝！真是'丝丝'心动啊！莫非这就是传说中的屌丝餐？"这张完全被各种丝状物占领的盒饭照片在网上引起很大的震动，成千上万的人来围观，表达慰问。其实，这"丝丝心动"的盒饭还真不算是剧组伙食的巅峰之作，有粉丝曾经到广东探班，发现香港演员黄子华的盒饭内容，可是榨菜丝。

香港电视剧里很少见演员吃泡面、奶茶以外的食物，十分之节约。演员们的福利是拍聚众打边炉的戏，据米雪说这是因为打边炉准备起来方便，而且演员是真吃，所以会一起去超市买食材，大家选择自己喜欢的，拍戏的时候就边演边烫，吃得甚是欢乐。

国内剧组过去经费有限，王扶林当年"关"了一群正值青春发育期的姑娘小伙拍《红楼梦》，几年磨一部戏，经济拮据。平时那些"小姐大爷"吃的菜只有一麻袋一麻袋的冻土豆，还烧得不太好。拍螃蟹宴那场戏时，剧组置办了几桌上等螃蟹，"螯封嫩玉双双满，壳凸红脂块块香"，让一众少男少女开了荤。

饮食与男女，这两者有时是不相容的，往往只能顾一头。心思不在吃饭上，明星也有冒仙气的时候。当年张曼玉在横店拍摄张艺谋的电影《英雄》时，常叫梁朝伟陪她吃黄瓜。两人笑语盈盈，一边讨论剧本，一边慢慢啃黄瓜。而张曼玉和梁朝伟骑自行车上小馆子吃饭时，她最喜欢点的还是清炒黄瓜与生菜，吃得慢条斯理。这完全是压制了食欲，来培养剧组想要达到的情欲吧。

当然，明星豪爽地为全剧组谋福利的例子也有不少。女演员张歆艺在拍汉代背景的古装剧《解忧公主》时，拉开大场面，搭起台子，摆出百人火锅宴，请全剧组人员一起挥汗如雨地涮肉蘸料，集体幸福感爆棚。而每个剧组的"杀青宴"也是极热闹的，《天将雄师》的宴会有 500 多人出席，场面盛大。

每年打仗一般的央视春晚响应广电总局节俭办春晚的号召，某年春晚彩排时，演员的盒饭只有三样菜：白菜、尖椒和鸡块。小朋友的盒饭待遇好些，多了"全民国菜"：西红柿炒鸡蛋。往年的鸡腿和牛肉等菜色不见了。演员们轮番上台彩排，排练好才能扒上一口饭，吃到嘴里都冷冰冰的，那些舞蹈演员还要换服装连轴转，根本没时间吃饭。

春晚的盒饭不好吃，多少明星都是蹲着吃这客盒饭的。这也难怪，越来越多的大腕愿意在家呆着，好歹能陪妻儿吃上顿热乎乎的饺子。

星光照进夜宵

收工了好好吃一顿！明星是晚间的觅食分子，夜宵是卸妆放松后闪亮的饕餮纵欲时刻。看看这份菜单：麻酱腰片、糖醋小排、醇香醉鸡、炝黄瓜卷、虎皮素鹅、糟香白肉、美味海蜇，这些是冷菜，接着还有蟹粉蟹黄虾仁、清蒸鲥鱼、蟹粉狮子头、红烧肉、墨鱼大爆……外加节节粢饭糕、桂花条头糕。这是某年梁咏琪在一天工作结束后，与随行人员在上海夏味馆吃的夜宵。

大阵仗的庆功宴，一般安排在夜宵档，深夜还能吃到美味的饭店都该嘉奖。2010 年的上海国际电视节，《媳妇的美好时代》和《人间正道是沧桑》拿奖拿到手软，亚洲交流纪念奖颁给"日剧女王"天海祐希主演的《BOSS》。颁奖典礼结束后，已近深夜，获奖人员兵分两路吃夜宵，都从浦东跑到了浦西繁华处。天海祐希一众人在海宁路的海底捞涮火锅，看功夫面在头顶盘旋。那边厢，一群国内影视圈名人欢聚延安中路的"小鹭鹭"，开了几桌庆功，欢欢喜喜直到凌晨。

黑夜里，黑暗料理界正热火朝天。"老宋烧烤"是个路边小摊，光顾的明星倒不少，李亚鹏、黄晓明、张丰毅、刘晓庆、孙红雷据说都去过。爱外出吃夜宵的人，往往好重口味，明星也不例外。麻辣小龙虾、烧烤串儿、火锅……图得正是嘴巴过瘾。

黄晓明是真爱夜宵烧烤摊儿，不止一次被看到在吃烧烤串。2012年，有八卦新闻称他的小女友也曾甜蜜相伴跟着平民了一把烧烤，结果不幸"食物中毒"，这是夜宵版"须作一生拼，尽君今日欢"。

赵薇爱吃麻辣小龙虾。柏邦妮说她们经常夜里一起吃："就是那种最最普通的街边的小摊，赵薇也不戴帽子，也不戴墨镜，坐在面朝大街的位置，手抓着吃龙虾。这对我来说真的有点不可思议。"

吃夜宵的确最能增进感情。还记得《花样年华》中穿旗袍的张曼玉么？每晚风情万种地买馄饨当宵夜，音乐和梁朝伟适时出现。正餐之外，吃到口里的东西，不知为何特别诱惑人，特别有滋味。而张曼玉本人到台湾，公司安排外送宵夜，则有各式小笼包以及她最爱的红豆松糕、鸭脖子、火锅、烤串……

张柏芝在与谢霆锋复合前交往外籍男友，分手后还一起夜宵，吃肠粉包油条的炸两、粥粉还有香喷喷的煎萝卜糕，柏芝解释："分手不等于不做朋友。"隔了十个月，她独自一人凌晨三点下楼采购夜宵，呆在楼上的男友已是谢霆锋。

林志颖在老婆怀二胎的时候，自曝帮手买夜宵，还晒出与担仔面摊合影的照片："好像才刚吃完晚饭，Kimi妈咪说宝宝肚子饿了。"他买了猪肝汤、炒地瓜叶、干面以及海带、豆腐和卤蛋等。

除了片场吃零食盒饭外，明星们最饕餮的一餐往往是夜宵。抽烟熬夜的明星们口味特别重，总在深更半夜纵情食欲。

只是，吃夜宵要注意安全，黑夜里也是犯罪事件的高发时段。曾喧闹一时的陈浩民横店非礼19岁女艺人的丑闻，便是在串烧店里吃夜宵时发生的。小姑娘不该这般没分寸啊，和醉醺醺的中年男艺人从晚饭吃到夜宵，连转三场，已是意思全在夜宵之外了。

还有，夜宵固然最能满足人的欲望，但人不能过于放纵。叶童就说过睡前吃夜宵最容易肥，她曾为增肥这样做过，以后都不再吃夜宵。而那个爱吃夜宵摊烤串的黄晓明，为健身两年只吃鸡胸肉。要能长久地吃重口味夜宵，就得在许多时候忍住口。有舍才有得，美味亦如是。

拿什么喂给你，我的明星

早年献给国君的东西叫贡品，美食占了大头。馈赠的"馈"是食字旁，表达情意最好是把饭送给人家。所以，作为粉丝，能够将食物顺利地塞进偶像的嘴，那种感觉，好似自己也被偶像温柔的舌头舔了一下。

明星爱吃的，当地特产的，对身体有功效的，好携带吃起来不麻烦的……这些食物都是首选。"五月天"在成都说公司不准收歌迷礼物，但送的甜皮鸭可以吃。Twins在台湾吃了歌迷送的珍珠奶茶、牛肉面、卤肉饭、蛋挞……破例一天吃五顿。

明星过生日都能收到漂亮的生日蛋糕。蛋糕比面条容易携带储存，造型多变，可大可小，实在是粉丝表达情意的佳品。饼干也是好选择，可以做成各种样子，甚至拼出肉麻的话来。

几乎每位艺人，都喝过粉丝送来补元气的汤水。刘德华收到过中国台湾老太煲的燕窝以及韩国歌迷送的人参，李准基在说身体虚弱后收到过参鸡汤。李宇春在"超女"比赛时还半夜三更躲在房中吃方便面，等到在香港开演唱会，就收到了热情粉丝送的燕窝。

明星在外拍戏条件艰苦，像横店那种地方以前也是前不着村后不着店，正是粉丝大显身手、雪中送炭的好时机。在荒僻偏远的拍摄点，粉丝都互相转告：记得带大批干粮以及零食前往，见一次明星补给一次。有些执著的粉丝在宾馆里买了电炉电煲，没日没夜熬粥和糖水给明星滋补。

以前有报道说黄晓明在福建武夷山拍《鹿鼎记》时，有洛杉矶富婆粉丝自费追星，号称花费10万元，跟了一个月，"管理"他的每日三餐，专人送上三菜一汤及饭后水果，煲冬瓜鲍鱼老火鸡汤给他补身。对此，慷慨的"富婆"表示："我就是个影迷，这次刚好回到国内探亲，又刚好到武夷山旅游，所以就照顾他一下，不用大惊小怪的。"

现在的粉丝都有庞大的组织，公关能力强过大多数演艺公司。粉丝明白打点好剧组的重要性，上至导演下至司机，人人都得恩惠。还是黄晓明的粉丝，像撒花一样到处送水果、零食，给导演

"进献"西湖龙井新茶。

疯狂粉丝送起食物来，有时要用小车装。一箱箱寿司、便当、矿泉水、水果、巧克力……"凭是世上所有的，没有不是堆山塞海的，'罪过可惜'四个字竟顾不得了。"堪比《红楼梦》中元妃省亲。这么多吃的当然不是为了催肥偶像。壮了声势，"贿赂"了工作人员，攀比了其他艺人。

不过献上美食也得场合适宜。有次在上海浦东国际机场，粉丝表现相当剽悍，除"进献"刚用飞机空运来的早上采摘的拳头大的新鲜上等荔枝四枚外，还带了生的蟹粉小笼以及简易炊具、蘸料、碗筷。飞机一到，便现场蒸起蟹粉小笼来，待偶像步出通道一个箭步冲上去献，看得偶像身边的助理直发愣……结果，明星不领情，一口都没吃。大概没有哪个女星会贪嘴到在机场里戴着墨镜、推着行李，还汁水顺嘴流不雅地吃东西。

还有粉丝买了糖水赶了几个小时火车送港星，结果那位女星第一眼看到时眼里放光，等问清楚是冷的后就把房门给关上了，令粉丝面面相觑，严重怀疑她是遇到了特殊日子。那些披萨、乳酪蛋糕等高热量食物更是经常被女星以或粗鲁的"不饿"，或文雅的"谢谢我不饿"，拒之门外。于是就可以看到一群粉丝小女生坐在台阶上，忿忿地分食一盒子没送出去的披萨。

外国粉丝比较露骨，送的食物也出人意料。潘玮柏有次搞全球歌迷会，被韩国歌迷送了一嘴家传泡菜，辣不去说，放了很多蒜，蒜不仅可以壮阳，更是明星口气的天敌……更夸张的是一位美国黑人女歌迷，送给潘玮柏一根热狗、两个甜甜圈，说象征表现"100分"。怎么看都很"色情"，小潘嘟囔"有种被性骚扰的感觉"。

既然食物是很私密的东西，那么在食物里给明星下毒就好像浴缸里刺杀马拉一样。"东方神起"队长喝下女粉丝送的柳橙汁，当即呕吐，嘴唇受伤。这杯柳橙汁杯口有强力胶，里面还有金属毒物。

某年情人节，日本杰尼斯公司不得不把成千上万粉丝送来的巧克力全部焚毁丢弃。鉴于愈演愈烈的"反明星"活动，这些原本会送给儿童福利院的巧克力，为了保险起见只能暴殄天物了。

明星婚宴

刘嘉玲与梁朝伟的婚礼最神秘，不仅全部人马飞至不丹，连食物也靠空运。梁朝伟特地请来曼谷东方文华酒店米其林三星大厨，午餐派对有龙虾、鱼子酱、生蚝、松茸以及红酒、香槟、威士忌，婚宴花费约90万元。

香港豪门婚礼的"豪"字，李嘉欣嫁许晋亨时体现得最明显。婚宴公开摆了三场，整个婚礼花费近亿元，轰动全港。单说第三场婚宴，宾客们享用的是鹅肝、白松露、蓝龙虾、日本和牛以及一系列有机蔬菜、名贵香槟。

有钱人结婚，出手阔绰，追求的是"喜大普奔"。李嘉欣结婚时，光是送给传媒记者的简便午餐盒，就装有半份鲑鱼三明治、半份火腿三明治、五颗巧古力泡芙、一瓶法国矿泉水及果汁，以及红包一千元。

郭晶晶嫁霍启刚就没那么铺张奢华了，地点搬到了霍家经营的地盘，摆出南沙特色的葵花鸡拼乳猪、东星斑伴娃娃菜、炒猪肉粒芹菜丁、龙虾伊面拼、牛粒鹅肝炒饭、花胶响螺汤，蔬菜饺也端了上来。最豪气的一道菜是每人一只南非四到六头鲍。到底是年轻人结婚，最有意思的是新潮的分子甜品：固体杨枝甘露。

相比之下，大S与汪小菲的三亚婚礼，算是小巫见大巫，花费也不及香港豪门的十分之一，乃至百分之一。

黄晓明大婚选在了延安路上的上海展览中心，请了差不多半个娱乐圈的人，立下内地明星婚礼的新标杆。婚宴席开72桌，菜单全公开。冷菜有本帮熏鱼、上海酱鸭、老北京熏猪手、咸水五香花生、爽口龙豆、青柠冰草。主菜有鲜松茸配顶级和牛肉、冲汤活海参、红花土豆焗大虾等等。听起来名堂一套套，但也并不算是顶级奢华。

婚宴的变化是明显的，出大明星的时代必然大操大办，经济迅猛发展必然催生饕餮一代。大吃大喝之后，就会追求另一些东西。随着素食的时髦流行，明星办全素婚宴也不稀奇。梁咏琪与西班牙籍老公在小岛大婚，婚宴为配合吃素的梁咏琪妈妈搞了全素宴，与克林顿嫁女儿步调一致。张杰和谢娜结婚，也办了"全素婚宴"，婚礼上还有放生环节。

越来越多的台湾名人，为了体现婚礼的节俭与本地特色，选择在喜宴上摆出一碗碗牛肉面来。开此风气的是台湾首富郭台铭。他娶舞蹈老师曾馨莹时，新闻铺天盖地热闹非凡，出席婚宴的头面人物很给面子，婚礼菜单却很朴素地以台湾小吃为主，主食是老董牛肉面。老董牛肉面的老板亲自到现场煮面，宾客三百多位，他就一次煮出了三百碗，还说自己最高纪录是一次五百碗。

陈建州大婚前和朋友去试菜，指定一款 580 元新台币的牛肉面，说："因为我每个礼拜都一定要吃上一碗牛肉面！牛肉面最能代表台湾美食，我和小 S 觉得这会是当天宾客拿出来讨论的一道经典菜式。"

而他的新娘范玮琪的解释，则引出了一段令人黯然神伤的父子情。原来陈建州儿时常去爸爸所在航空公司员工餐厅吃牛肉面。爸爸因空难去世后，他有一回偷跑去员工餐厅吃了碗 100 元新台币的牛肉面思念父亲，被投诉罚款 10000 元新台币。所以，陈建州希望结婚时菜单上一定要有碗大大的牛肉面，"好像父亲在现场陪他的感觉，好珍贵的牛肉面"。

怎样吃才能瘦

　　怎样吃才能瘦？这向来是一个问题。对于明星来说，更是时时刻刻在打响的战斗。大 S 早年尝试过香蕉减肥法，每天只吃一根香蕉，持续了三个星期，瘦了六斤。不过后来为了能怀上孩子，她变胖了。小 S 在《康熙来了》中爆料大 S 茹素十年，"再难也要吃素"，吃素习惯甚至影响了蓝正龙等几任男友，但为了怀孕开始吃肉喝鸡汤。生下女儿后，大 S 自曝产后减肥："最极端就是饿肚子，把自己饿到极限。我坐月子期间，连续一礼拜只喝月子餐里的汤和水，咀嚼的东西统统不吃。"每天都觉得饿到天旋地转，站起来就要昏倒。

　　早年追求完美的蔡依林，减肥节食的新闻屡屡上版面。晚饭清一色都是水煮的，千万不要误会是我们吃的那种香辣水煮鱼，而是不漂一点油花的水煮青菜、水煮鸡肉、水煮牛肉……在内地宣传期间，蔡依林也坚持问"有没有火锅，要不带油的水煮青菜"，最后工作人员只能去买了份去掉米粉的"清水版过桥米线"。好吃么？其实吃习惯了，不会比炸鸡汉堡包难以下咽。如果条件允许，蔡依林也会吃荞麦面、虾饺、烧卖，在吃多了完全不放调味料的水煮菜后，这些点心想必美味至极。

过去的明星也纠结减肥，倒不是为了好看，而是角色需要。马晓晴演《北京人在纽约》时被勒令减肥。可她是娃娃脸，又嗜好甜食，减肥决心是周期性的。演她爸爸的姜文一见她瘦身有效，就故意买来两大罐冰激淋，终于马晓晴挡不住诱惑尽数吃下，几乎使减肥成绩前功尽弃。

饿与节制，从来都是食物的最好调料。陈道明为拍《围城》狠狠减过肥。此前他演《樱花梦》时有70多公斤，可方鸿渐绝不能那样壮。他细致地描述那段经历："我减肥的主要方法是不吃碳水化合物，不吃粮食，只吃蔬菜。……要想名副其实地吃好演员这碗饭，就得少吃餐桌上的美味佳肴。终于，我很对得起自己，把这些肉去下来了，减少体重12.5公斤，我开始向方鸿渐的外形靠拢了。到了摄制组里，我只吃50%的饭菜，因为这儿不比在家里，夫人会给我烧上一大盆蔬菜，供一天的能量消耗。在上海，我不能给摄制组出难题，让他们给我搞大量的蔬菜，所以就凑合着吃，有节制地吃，能维持基本的生命运动就行了。"瞧见没，上世纪90年代中国电视剧界最红的男明星，是多么地克制，又是多么地谦和，连吃蔬菜这种合理要求，都怕给剧组添麻烦。正是在这种自律下，60岁的陈道明看起来还是颇具风采，丝毫没走形。

普通明星过了中年就不可遏制地胖了。人到中年还要为拍戏挨饿的，当属电影《一九四二》，众多明星被勒令减肥。张国立说："这场减肥给我最大的感受就是，人的尊严是从肚皮开始的。"徐帆接话："我同意，没有吃的真的毫无尊严。"

当然，最敬业的演员是为了角色死命减肥，最霸气的明星是号称自己不减肥，不怕圆、润、美。尊严与霸气，总是站在一起的。

从小到大的肥肉

小孩子爱吃总是特别讨人喜欢。《爸爸去哪儿》第三季最会哭的邹明轩有两大吸引人关注的点：一门心思地爱姐姐，一心一意地吃吃吃。观众们爱听他奶声奶气地说："我饿了。"明显娱乐节目也刻意强调小轩轩在这方面的"特色"，录《天天向上》时，都会突出他一边吃肉包一边摸肚腩。

想起韩国原版节目里就有个以吃成名的小男孩尹厚，他专注而满足地大吃"浣熊炸酱面"，爆红后一举获得方便面广告代言。还有第一季《爸爸去哪儿》里讨人喜欢的高情商女孩王诗龄，无论吃什么都津津有味专心致志。但他们都特别敏感"减肥"二字。超重的王诗龄早两年就已经被妈妈李湘督促"少吃一口"，不过她拍贺岁电影被众星拱月时仍是圆滚滚的。

　　小时候胖嘟嘟的孩子，往往长大后一直要与肥肉搏斗。秀兰·邓波儿度过童年时代后，立即显出了身材的笨重，十几岁时拍的电影不复昔日可爱。《家有儿女》里演小雨的尤浩然长大后更"宽屏"，考北电初试都没通过，倒是剧中瘦削的小正太马可长大后在《花千骨》里演妖媚飘逸的杀阡陌，在成人世界里真正一举成名。

　　有人说看到邹明轩就会想起20年前红遍东南亚的小可爱郝邵文，同样爱美妞爱美食萌态可掬。可是郝邵文长大后变成了一个大胖子，他曾在网上晒瘦掉的脸和隆起的胸肌，自称："没什么，只是一不小心健身有成。"立即被吐槽"貌似看到了一只鞋子"。2015年参加真人秀节目《壮志凌云》的郝邵文，仍是大只佬。

　　"微胖界"这种说法是胖子给自己的安慰。胖就是胖，而且成人进入"微胖界"后想减肥，难以脱胎换骨。那个健身后大秀"人鱼线"的香港男演员后来又胖了，终究没有成为型男。高晓松减肥后公布大长腿照片，结果被嘲笑脸依旧那么大，还真没看出显著区别。结束《真正男子汉》的杜海涛，也晒瘦身成果甚至被报道瘦成"都敏俊"，但相信人们不会在《快乐大本营》里见识令人心悦诚服的大逆袭。

　　最令人丧气的大概还是肥肥的女儿郑欣宜了。本来她减掉过差不多百斤肉。16 岁时，她忍口不再吃心爱的鲍鱼，每天花一小时洗澡、涂收紧肌肤的药膏。第二年，她下巴变尖，锁骨出现，出畅销书《我的减肥日记》。人一瘦，父亲的亲情都浓了起来。郑欣宜说郑少秋："平时和父亲在电话中闲聊，很'表面'，但减肥期间，虽然电话通数不会特别增加，但话题变得很深入。"

可是，没过多久，郑欣宜像吹了气的球一样极速反弹，现在看起来比妈妈肥肥更胖。郑欣宜宣布不再减肥了，她要吃饱饭，在舞台上扭动巨大身躯唱《你瘦够了吗》。

超重的孩子很多都是在溺爱环境下长大的，胖藕臂、轮胎腿是大人的骄傲。但只要迈出幼儿期，大人欣赏的小萝莉小正太就没有胖的了。漫漫人生路还刚开始，长肉的岁月还长着呢。可爱的孩子们，当心点，那些笑着鼓励你再吃一个肉包子的大人拿你当动物园里的小熊小猴子，人们逛完动物园拍拍屁股回家了，只有永远在身边不断严厉敦促你少吃一口的凶巴巴家长才是掏心掏肺地为你好。

金城武爱吃的

　　自打上世纪末就雷打不动位列男神排行榜前三的金城武，抵不住岁月如飞刀，明显地发福了……金城武的经纪人回应："不同年龄本来就要有不同的状态，总不能要求他永远停留在二十岁。"男神本身就需要特别的天赋条件，而要维持男神形象更是与天对抗的奇迹。

　　曾几何时，金城武所到之处总有工作人员严密包围，连他师父陈昇都抱怨只能递个纸条传话，由衷感慨真乃"方圆十公里内，人畜都不能靠近"。可是现在，金城武被说姿容退步，"胡子拉碴""脸部似乎肿了不少"，更难堪的是，有西方媒体竟然错把金城武认成了郎朗！

　　男神是怎样发福的？能吃啊！据说公司里的人都知道男神爱

吃，体谅他无法正常逛街，都把小吃买到酒店里。金城武爱吃担仔面、黑白切和蚵仔煎。看看，淀粉、油脂、调味酱，它们全都集合在他的胃里狂欢！作为一个好吃分子，一顿饭能吃掉两个盒饭的金城武多年来被记录了各种吃吃喝喝。

报道称：金城武到泰国街边小摊档买心爱的米粉汤，随即被围观群众认出，不得不打包带回酒店吃。

报道称：金城武戴着红色墨镜，穿着休闲的绿色花衬衫，在经纪人陪伴下到台北东区吃涮涮锅，坐的位置是店家地下 VIP 室。

报道称：金城武大冬天到首尔拍广告，完全靠毅力御寒，心中不停地想："再忍耐几小时，就可以吃烤肉了。"拍完后就带着一帮人点炉子烧烤，大嚼泡菜。

报道又称：金城武在台东拍航空广告，和大家一起吃盒饭，爱吃辣，不怕油，吃完后还意犹未尽地打包了三份盒饭回去。

对了，还有我们吃到的日式蒲烧鳗鱼，似乎也与金城武有关。七月的日本大吃特吃鳗鱼，金城武的爸爸是第一个把养殖鳗鱼技术传到中国台湾地区的日本人。

有一阵子传闻金城武吃素，他的经纪人很生气地驳斥，说他口味很家常。在他们心目中，吃的和大家一样才算健康，才是偶像良好的形象。

天南地北的美食里，金城武最爱吃火锅，尤其嗜辣。拍《伤城》时，导演刘伟强带他去自己投资的宁记麻辣火锅吃个爽。这倒是和另一位男神福山雅治口味一样。福山雅治到台湾作宣传，出席首映会后直接奔去吃了麻辣锅，还说自己最爱吃鸭血，但不敢喝辣汤。

人们爱看所有这些男神贪吃的新闻，因为他们已经美得太有距离感，而这些寻常人也在享受的吃吃喝喝，恍若偶像抛出的一个笑容，似有若无地与我们联系在了一起。

某些人印象里的金城武，应该是那个一直吃着凤梨罐头的少年：在《重庆森林》里为了失败的恋情吃 30 罐凤梨罐头，在《堕落天使》里因为吃了过期的凤梨罐头变成哑巴。

可是很不巧，这个少年也会慢慢长到四十岁，而且他可不止是吃凤梨罐头度过的。

第一夫人烹饪比赛

　　"第一夫人"（First Lady）最早被用来称呼美国总统华盛顿的夫人玛莎。她曾经许多次地为丈夫举办私人宴会，把政要请到家里，边享用美食边决定国家大事。"玛莎的家宴"在历史上相当出名。所以，"夫人"一词总是与盛筵、厨艺相联系。

　　鸠山由纪夫担任日本首相时，他那位宝冢歌舞团出身的太太鸠山幸出镜率非常高，超过历位日本首相夫人。当年，热爱料理的鸠山幸与李明博夫人金润玉相聚，日韩两位第一夫人切磋的是怎样制作地道的泡菜。当两位夫人蹲坐在地上，红艳艳的酸爽泡菜被金润玉用手直接送到鸠山幸嘴里时，这一幕颇具历史定格意义。

　　作为李明博时期的韩国第一夫人，金润玉说："为我先生做菜和向海外宣传韩国料理，是我帮助李明博总统的重要工作。"二十国集团首尔峰会时，金润玉亲自定菜谱款待各国政要，食材包括横城韩牛、莞岛鲍鱼、盈德大蟹、公州栗子、保宁银杏、南海鳀鱼、加平松子、汉拿山香菇等等。同时，她还向各位元首夫人赠送了自己撰写的《韩食故事》一书。"韩食"正是她事业的一部分，金润玉曾雍容华贵地亮相首尔剧场观赏舞台剧《拌饭》，因为配了辣椒酱的韩式拌饭，被韩国专家定为向全球推广的第一韩食。

一个国家的第一夫人仪态万千、活动频繁，彰显的是文明国度对女性的尊重，而第一夫人对本国美食的热忱推广，传播的是国家形象与文化。

欧美政界有"第一夫人厨艺决定丈夫政治前途"的说法。美国总统大选之际，竞选人奥巴马的夫人米歇尔，与麦凯恩的夫人辛迪，在美食杂志上先进行了一轮厨艺大比拼。米歇尔提供的作品是柠檬柑橘味奶油甜酥饼，与众不同之处是酥饼里加入了意大利苦杏酒。辛迪交出的烘焙作品则是燕麦黄油甜曲奇。有意思的是，这一类烹饪比赛的结果往往与总统大选结果不谋而合。劳拉·布什曾以燕麦巧克力饼击败克里夫人的南瓜香料曲奇。而一直被称厨艺不佳的希拉里·克林顿，也曾连续两次以一款碎巧克力曲奇胜出！

除了喜欢在白宫搞自留地种菜外，美国的第一夫人也关心英国烹饪。英国妇女萨莉·比写了本《原料密语》，记录了大量使用香肠、土豆泥、鸡肉等廉价食材的健康菜谱。米歇尔·奥巴马一口气订购了 12 本《原料密语》，英国的菜式可见是成批传入了白宫。

不过，英国首相夫人对厨房可就没那么热衷了。布莱尔当首相时，职业为律师的第一夫人切丽，做早餐时不慎烤糊了面包片，连消防队员都闻烟赶了过去。至于那些美丽的法国第一夫人，唉，别提了，模特出身的布吕尼完美诠释的是"秀色可餐"。

近年来，随着各国陆续出现女性领导人，"第一夫人"的称谓就显得有些尴尬了。朴槿惠担任韩国总统后，曾让政府秘书赵允旋等人代行第一夫人之礼。而她本人也在父亲任总统期间，代替亡母行使韩国第一夫人之责，接待过美国总统卡特一家。朴槿惠的母亲厨艺精湛，还负责青瓦台的菜单，朴槿惠自己也会做韩国代表美食——烤肉等食物。

偶像明星开饭店

有一阵子,我觉得刘嘉玲俨然有了杜月笙的架势,动不动上海这家酒吧说是刘嘉玲开的,那家餐厅说是刘嘉玲开的,仿佛掏钱吃她一顿饭,就拉近了和她乃至梁朝伟的距离。当然那是假想。在号称刘嘉玲开的餐厅吃过一次,虚华中透着粗陋,没什么菜留下印象。后来,也就倒闭了。

明星开餐厅,爱玩新概念菜搞 fusion,从装潢到菜式都拗出造型来,并让顾客为此买单。可这又不是走红地毯,闪亮一夜就成功。饭店需要细水长流,日复一日积累口碑与食客。任何一家饭店能长久地开下去,星味总是次要的,菜味才是王道,还得考虑性价比。

圈内人脉颇广的赵薇,开过一家乐福餐厅,颇为高调,王菲等闺密来帮衬是餐厅的活招牌，赵薇主演的电影《花木兰》的发布会、庆功会均在自家餐厅举行。赵薇这家乐福餐厅里可以吃到招牌寿司、意大利面、叉烧包等，环境幽雅得让人不好意思大声说话。开业典礼上，赵薇说："我现在的理想就是做生意，变成大富豪。"但餐厅开了不到一年就结业了，供货商还跑到朝阳区草场地艺术区索要欠款。赵薇倒是洒脱，放言："如果以后还会投资，我肯定不会开餐馆了。"

看来看去，老一代明星里，王丹凤当餐厅老板娘最命好。文革时大明星下放劳动，她在饭堂里卖过饭。谁曾想到了晚年仍在"卖饭"。1989 年她丈夫赴港创办"功德林上海素食馆"，口碑甚好。王丹凤随夫定居香港做副董事长，坐在店堂里气定神闲地点单："先来一个豆浆，再来汤圆，接着是素鸡……"

当下一众俊男靓女里，任泉是餐厅开得最成功的明星。饭店选址好，幽静的安福路上曾经很多年就这一家像样的中餐馆，每次到上海话剧艺术中心看话剧，都得就近在这家店碰头吃饭。这里的另一大好处是秀色可餐，邻座总有大把美女帅哥共饕餮。虽然名为"蜀地"，但任泉是东北人。他家的地三鲜、锅包肉口碑在水煮鱼之上。

　　越是本土得掉渣的明星，越不讳言爱吃，天然具有烟火气。饭店请明星做广告代言，不会请国际化的章子怡吴彦祖，反倒是本地笑星主持人等更受欢迎。曾志伟开餐厅，真人高的人像海报在店门前一摆就很有镶气。

　　但中国人太爱吃了，总有年轻偶像成名之后，就忙中抽空完成自己的"餐厅梦"。台湾的陈妍希刚刚凭《那些年，我们一起追的女孩》成为"国民女神"时，就与郑元畅合伙，在台北开了南洋意法创意料理餐厅；几年前，胡歌也斥巨资在上海开起了高级日料店，据说月投入超过50万元。还有薛之谦，开了串串香火锅店，自嘲"装完了才被评论像KTV多过火锅店"……

　　不过，开饭店源自一股激情，这条路真的不好走。偶像开餐厅，最忌惮一意孤行理想主义，把餐厅也搞得"偶像化"起来。要知道，吃饭这件事，还真无关其他。

生与死的味道

　　村上春树是文艺青年之所爱，渡边淳一则是赤裸裸的情爱文学家。不知道在中国，到底是想看《挪威的森林》的人多，还是想看完整版《失乐园》的人多？

　　早就有人评价，看渡边淳一的小说，有种看食谱的乐趣。他生长于札幌，学的是医科，这批经历昭和黄金年代的男作家，普遍都有金钱和兴致来享受极致的美食，字里行间都表露出对品鉴食物的自信。

　　《泡沫》里出现了京都高级料理。清口汤之后上的是刚从琵琶湖打来的鱼。腹内有鱼子，正当令。渡边淳一借男主人公之口说："这种地方料理和装饰一定要加入代表季节的东西，但集中用某一种东西不太好，所以一般只用一个。复数的时候用三或五等奇数。"接着，上来的是原壳海扇和煮蟹块。他回绝了米饭，喝了一碗艾草麸红味噌汤，吃了几个草莓结束一餐。

小说《化身》里，渡边淳一很细腻地写过味噌青花鱼："味噌青花鱼正是要配饭吃才好吃，秋叶又叫了一些寿司与泡菜。里美说话、吃东西都慢条斯理。现在她也是一面吃饭，一面用筷子一小块一小块地夹起味噌汤里的青花鱼放入嘴中，她自己是乐在其中，但旁人看了不禁要为她着急……"这个故事里，东京的中年男人与比自己小25岁的北海道少女交往，仿佛源氏培养紫姬那样，企图造出私人的理想女性来。他教她品鉴美食、穿着打扮、谈吐交际……最终少女飞速地成长起来，离开了他。1986年小说改编成电影，演少女雾子的是刚从宝冢退团的黑木瞳，表现大胆，就此获得了赏识。后来，渡边淳一评价黑木瞳比较接近自己笔下的女性。

渡边淳一很善于用食物来表达心理的微妙。《情死未果》里，女子在医院里醒来，身体极度想要甜的，护士笑着说："这样啊，那给你些羊羹吧，生还的人都喜欢吃的。"她本来不喜欢甜食，但现在拿起一片狼吞虎咽地吃起来。然后又吃第二片、第三片。小说写道："现在无论如何还是想吃甜的。在医院的走廊里，新子像孕妇一样缓慢地走着，想着到外面以后就去吃小豆粥和什锦甜凉粉的事。"这是重获新生的食物。

情死最凄美的是《失乐园》，这部小说的底色背景是著名的1936 年"阿部定案"。久木带情人凛子多次远游约会。他们在漫天大雪时泡温泉，"仰起脸看见从黑沉沉的天空飘下来无数的雪花，落到睫毛上就融化了"。泡完温泉，他们吃起晚饭，有小菜、生鱼片和天妇罗，还有什锦鸭火锅。他们从冰箱里拿出威士忌，加入冰块，转移到了凉台的椅子上。

远游时旅馆提供美食，相好时，女人会亲自为男人烹饪。转化成影像的电影里，黑木瞳饰演凛子，役所广司饰演久木。凛子特别烹制水芹香鸭的一幕如此诱人，砂锅小火细细地煨，香味似乎都若有似无地弥漫而出。当他们决定殉情时，最后一餐吃的也是水芹香鸭，配上掺了毒药的红酒。电影里，黑木瞳细细地炖着鸭子，你会觉得她汤勺搅动的都是咸咸的欲望。两人安静又斯文地吃完，全身赤裸在高潮中拥抱着向人生告别。那一瞬间，食物、情欲和死亡都在巅峰之瞬直接融为了一体。

羊羹是生的味道，水芹香鸭是死的味道，人生如泡沫般无常，才要尽情燃烧直到这一刻。

忘忧的食莲人

　　《快乐男声》总决赛时，陈坤向谢霆锋扔耳机，砸到坐两人中间的陶晶莹。陶晶莹瞬间的眼神亮了！她事后对记者说："就闹一闹这样，只是看起来好像很恐怖。那我当然也吓到，想说怎么会丢耳机，丢个葡萄，丢个莲子好一点。"

　　莲子？对不起，现场所有的莲子都被谢霆锋收起来了，一颗都舍不得丢哦。《快乐男声》首场直播后，四个评委普遍反映"好饿"，于是各式各样零食给置办了起来。湖南的夏天正是莲蓬上市时，谢霆锋特别爱吃从青绿莲蓬里新鲜剥出的莲子，助理每次都会帮他收集现场没吃完的带回香港，继续剥着吃。

　　原来，不是所有地方都能手擎新折莲蓬的。梁实秋曾撰文回忆游什刹海剥莲蓬，有一股清香沁人脾胃，感慨"到台湾好多年，偶然看到荷花池里的莲蓬，却绝少机会吃到新鲜莲子，糖莲子倒是有"。这种糖莲子是白色的小丸，外裹糖衣。刘雪华主演的台湾电视剧《在水一方》里，杜小双教钢琴挣来第一份工资，就给朱家老奶奶买了糖莲子。糖莲子更是香港电视剧里的"神器"。在《宫心计》里，年幼的刘三好用糖莲子"苦中一点甜"鼓励唐宣宗，让糖莲子红了一回。谁知道在《大太监》中，黎耀祥演的太监李莲英吃的也是糖莲子，同样寓意"苦中一点甜"。结果，网友吐槽："怎么又是糖莲子，TVB能不能换一个吃的？"

《红楼梦》里荷莲出现的次数不少。宝玉喝过建莲红枣儿汤，挨打后卧榻时唯一想吃的是"小荷叶儿小莲蓬儿的汤"。这"小荷叶儿小莲蓬儿的汤"制作繁复，需要四副打了三四十种花样的银模具，关键是借用新嫩荷叶的清香，全仗着好汤。莲子也好，荷叶也好，滋味似有若无，不能饱肚，都是风雅人吃的。

在西方史诗《奥德赛》中，荷马描述了水手与食莲人（Lotuseaters）："岛上的食莲人来了，把船围住。这些忧郁的人长着温柔的眼睛，绯红的霞光映衬着他们暗淡的面影。他们带来具有魔力的莲花茎枝，把花和果实向远方来客分送。不论是谁，只要尝一尝莲子，在他耳中这海浪的澎湃汹涌，立即远远离去，化为彼岸的嗡嗡。"食莲等同忘忧，水手们不想再回到船上漂泊。不过，后来的学者考证，此莲非彼莲，西方所说的莲的果实，是甜蜜的，应该称作忘忧果。

有一年七夕，吴秀波与汤唯同游北京后海荷花市场，有说有笑地吃着莲子，造就一段与电影《北京爱上西雅图》同期的绯闻。然后下一个七夕，大家都已经像"食莲人"那样完全忘记了这段绯闻，同时四部爱情片上档拼个你死我活。

奥斯卡之宴

　　2013年，导演李安凭电影《少年派的奇幻漂流》再捧奥斯卡最佳导演奖的当晚，我们看到了十分接地气的一幕：李安当街风中凌乱地坐着，左手紧紧握着小金人，右手往嘴里塞着汉堡包，边上还放着插了吸管的纸杯饮料。英国诗人西格里夫·萨松说："我心里有猛虎，在细嗅着蔷薇。"而此时的李安放松下来，专心地狼吞虎咽美式快餐，内心满足。一群人热烈地围观议论："小金人在吃货面前败下阵来！""太可爱了！"

　　在第86届奥斯卡颁奖礼上，主持人艾伦忽发奇想问有谁想叫个外卖披萨吃么？底下盛装出席的明星们纷纷响应。于是，20盒披萨就这样堂而皇之地从日落大道的"Big Mama's & Papa's"披萨店运到了颁奖礼现场。那些一线影星在众目睽睽之下分起了披萨并大快朵颐，其中包括奥斯卡影后詹妮弗·劳伦斯。而且，这不是一个植入广告，因为奥斯卡颁奖礼直播的广告太贵了。外卖的小伙子后来获得了 1000 美元的小费，并在脱口秀节目里表示，最开心的是向心中女神朱莉娅·罗伯茨递上了一块披萨。

有人问："奥斯卡不管饭吗？看把人饿的。"那真是冤枉了奥斯卡的厨师们。主厨沃夫甘·帕克已经为奥斯卡操办十几年盛大晚宴了，富有经验。奥斯卡晚宴关键在于创意，与众不同，菜色还得与电影主题相关。奥斯卡晚宴的经典食物有这么几样：小金人造型的鱼子酱烟熏三文鱼薄饼，日本神户和牛迷你汉堡，以及保证嘉宾们可人手一份绝不落空的 5000 份 24K 镀金小金人巧克力。

第 75 届奥斯卡晚宴上，厨师们根据热门影片《指环王 2：双塔》、《时时刻刻》、《钢琴师》等搞甜品创意。黑巧克力做成的"钢琴"有黑白相间的键盘，甜品搭成了钟的指针与盘面，浓郁的慕斯、清爽的冰淇淋、酸甜的果酱组成的画面，精致得让人过目不忘。第 86 届奥斯卡的新闻报道则汇报了食材储备："7500 只美国大虾、1500 只蟹脚、1300 只牡蛎、1250 只石蟹钳、600 只缅因州龙虾、250 磅大西洋大眼鲷、50 条黄尾鲷鱼、17 条美国野生鲱鱼、10 磅勃艮第冬季黑松露、5 公斤鱼子酱、1350 瓶帝龙香槟、2400

瓶斯特林葡萄酒。"

这几年,奥斯卡还蛮重视中国元素的美食。第84届奥斯卡晚宴有"猪肉锅贴、菠菜汁酱料的上海浓汁龙虾、香菜竹笋焖羊肉等"。主厨帕克说:"虽然没去过上海,但我吃过上海菜,晚宴上的这道上海浓汁龙虾将会非常松脆可口。"2015年的第87届奥斯卡晚宴上,则有北京烤鸭加主厨创意的苹果芥末酱、炒龙虾、花生酱叶莓棒棒糖和绿豆汤。绿豆汤里加的是2000美元一磅的黑松露。

每届奥斯卡颁奖礼前几天,主厨就会公开晚宴菜谱,接受各路记者采访。第85届奥斯卡盛宴有佐以黑松露片的鸡肉咸派、日式蜜桃沙拉、撒上泰式香料的蒸红鲷、新创作的钻石吊灯蛋糕,还特别设计了中国口味的豆瓣酱葱爆龙虾、清蒸鱼,捧出了金灿灿的蔬菜馅春卷以及锅贴。很明显,这场盛宴融入了大量中国元素,"希望李安能感受到家乡美食带来的亲切感"。问题是,饥肠辘辘的李安在盛宴过后大啃场外快餐汉堡包,那些春卷到底被谁吃光了呢?

李安曾荣归故里,到台南探望老母亲。记者围观他品家乡小吃,那碗撒上芹菜胡椒粉的小卷米粉被电视台做成新闻,字幕打出:"鲜甜有嚼劲!'导演级'美食受欢迎"。等到李安再夺奥斯卡最佳导演奖，这家台南的小卷米粉，不知是否打出了新广告："奥斯卡导演级"美食受欢迎！

　　李安最念念不忘的则是老家附近古早味的面条。这家面店的老板正好与奥斯卡奖同龄，却连个店名招牌都没有。老板利落地煮面，淋上自家熬煮的秘制肉臊，香喷喷的味道扑鼻而来。李安从小吃到大，每次回台南老家都要去吃一次，所谓"念念不忘，必有回响"。在举筷子吃面前，李安请记者不要拍，不想被人拍到吃东西的样子。老辈人都讲究个吃相，可见那晚握着小金人大啃汉堡包的李安，开心得意纵情忘我。

鱼蛋的正能量

有些事情看的角度不同，就会生出不同的感慨。昔日港姐冠军谭小环转行开鱼蛋店也颇有一段时日了，贵在对小生意的坚持。

起初，谭小环守着铺头卖鱼蛋的照片登出来，一大半的人惊呼"怎么混那么惨"！甚至有人还联想到了蓝洁瑛。但也有人觉得离开边际收益越来越低的 TVB，做点实在的小生意，未尝不是好事。谭小环的母亲做过流动小贩，这也算女承母业，且"入铺安定"。加上老公支持，夫妻同心，这鱼蛋店满满皆是正能量。

谭小环曾经非常靓过。每每看到有人说她在港剧里如何脸肿如何刻薄相，都忍不住想找出她1994年竞选港姐的照片来翻案。明眸皓齿，浅笑盈盈，两绺弯弯的青丝垂面，完全是玉女偶像。她也并非昙花一现，演过电影、电视剧，唱过歌，拍过好几支郑伊健 MV。年纪大一些的记得《洗冤录 2》，她演佘诗曼的坏姐妹，奸相毕露；新一代看过她参演《读心神探》，风韵尚存。只是，窝在 TVB 是没有前途和钱途的。这家电视台有种神奇的力量，令人惊艳的选美冠军一旦投身，一个个都会磨得粗俗老残。这几年港姐质素下降，也就可以理解。

混了 20 年的演艺圈资深员工，一个月薪水万把块港币，此时不走更待何时？四十二岁，职业重新规划，高调再出发，勇气可嘉。

娱乐圈不是铁饭碗，艺人们进进出出不稀奇。有阵子，明星一窝蜂地转投保险业，开餐厅、服装店的也都数不胜数。其实，谭小环没一些人想得那么惨，2007 年结婚，嫁得算风光。她老公计划投资七位数在铜锣湾给老婆开"Day by Day 手作素材店"，鱼蛋店则是老婆自己中意想开的怀旧小食店。开张那日，谭小环称："算过数要日卖一万粒鱼蛋，我要做鱼蛋妹生招牌！"

相比鱼翅这种 A 级美食，B 级的鱼蛋滚动着咖喱汁当街即食，显然更廉价平民。这项生意投资少回本快，并非华而不实。正如谭小环所说："卖鱼蛋的也是人，光鲜不可以当饭吃！"港星一贯现实，"揾食"（谋生）二字最紧要。屡屡见到香港明星在市肆坐定吃碗云吞面、饮杯奶茶，就被杂志写成"落魄""寒酸"。这真是不够淡定。"做明星"无非也是份工，工作之余不需要摆架子、扮高贵。明星当老板娘，自身就是招牌。谭小环的鱼蛋店首月营业额就有 34 万港元，净赚 4 万港元，可喜可贺。

花无百日红，鱼蛋却始终热辣辣地在锅里翻滚。10 港元 6 颗鱼蛋 + 肠粉的套餐，哪天路过铜锣湾，都可以试一下。

宅时代的外卖

有钱人可能比普通人更常吃外卖。张曼玉和外籍建筑师男友在北京同居时，时常窝在家里叫外卖，让人把卡萨米亚披萨、烤鸭、小笼包子等送进房。言承旭早年曾假扮外卖小子，戴着渔夫帽，提着一桶炸鸡块，进录音间探班，一见仔仔就说："我家楼下开炸鸡店，我是来送炸鸡块的！"

林青霞曾经和龙应台一起，半夜呆在香港威灵顿街的翠华餐厅，等外卖的鱼蛋河粉、热奶茶、猪仔包。后来不止一次路过这家"翠华"，总是看到拎着重重叠叠外卖袋子的伙计从餐厅奔出，坐上黑色的出租车去送外卖。

尚未结婚时，自带香槟与李嘉欣吃法式越菜的许晋亨，不知怎么就惹佳人不高兴了，八卦新闻里这样写："翌日，许晋亨急急买高档汉堡包送外卖给女友赔罪，对嘉欣百般迁就。"高档汉堡包，竟然也可以外卖来作为哄美人的利器。

千年以前的外卖，可在宋代张择端的《清明上河图》里见到，那些"脚店"送外卖的伙计，一手端着两碗面，另一手拿着筷子，赶着给客人送去。

昂贵的外卖多半与食物本身无关。英国北约克郡维斯托镇有位妇女，每个星期都要到离家约11公里远的印度餐厅"辣味磨坊"吃饭。某次她到法国旺代省度假，心血来潮想吃一份"辣味磨坊"的咖喱饭，于是发了一封电子邮件点餐。谁知道，餐厅的三名老板竟然接下单子，远行1127公里，在17小时之后将咖喱饭外卖送到，花费总共1200英镑。

有钱就可以任性。贝克汉姆在从英国飞美国的飞机上，突然想吃个什么饼，就在私人飞机上叫了外卖。《太阳报》报道称原本卖4.45英镑的饼，价格为此涨到了4位数。送餐的"On Air Dining"公司表示："做这顿饭、送到机场、通过安检需要一定费用。给食物保鲜也会让价格上涨，大约超过1000英镑。"

东方人觉得应该堂吃的食物，在欧美常常是外卖的。以前有人算过，《生活大爆炸》30集里有19集在吃中国菜，主要是蒸饺、左宗棠鸡、芥蓝牛肉等。美式的中餐并不好吃，但宅男们为什么爱吃中国菜？因为其他餐厅都不如亚洲菜的餐馆那样乐意搞外卖服务。那些初到美国打工的中国人，许多都替当地中餐馆送过外卖。有本很有趣的书叫《幸运签饼纪事》，写到美国的中餐外卖，这种上门提供便利的服务，为许多中国餐馆老板争取到了数量庞大的客人："外卖郎手里总是提着棕色的食品袋，里面塞满一沓又一沓的菜单，上面遮一块破布，以躲避目光敏锐的门卫和邻居。"

　　有时候外卖好不好，关键在盛器，那些用塑料袋装的麻辣烫、小馄饨，泡沫盒装的滚烫炒面、炒河粉，看一下，都觉得自己已然中毒。美剧里捧着的中餐外卖盒子都长一个样，白纸盒，印着红塔或龙，有个专门的名字叫"Oyster Pail"。在20世纪初，这种盒子本是用来盛牡蛎肉的，二战以后，牡蛎少了，中餐馆外卖多了，这种盒子就被用来装外卖食物了，还印了代表中国的图案，看起来倒还真是很卫生。如今，这种外卖盒子已经与中餐外卖牢牢联系在了一起。

　　其实，绝大多数现做的食物都不合适外卖。外卖还是更适合那些工业化生产后躺在仓库里的食品。港剧《美味情缘》里，沦落在外的大厨马友当街卖清汤鲮鱼丸，人们排队购买。但是，马友规定不可外卖，一定要当场吃。因为鲮鱼丸在热汤里放久了质感会发生变化。食物还是应该在完美的时刻下肚才不算辜负。

私人口味

爱吃的人总有点懒

爱吃的人多半懒，所谓好吃懒做。懒洋洋的时候，会琢磨今天吃个什么好呢，通常那个时候正躺在被窝里，午间阳光照着屋尘。

日剧《花的懒人料理》一集才24分钟，片头说个童话，片尾教道菜，音乐可爱，制作真是很有诚意，可它在豆瓣的分数真是低。除了女主角不讨喜外，我觉得料理还不够懒。她家冰箱简直是百宝箱，一块吐司烤之前涂上番茄酱、蛋黄酱，撒上鱼肉碎、卷心菜丝，还要加上一片帕玛臣奶酪片……况且，那个段位不低的烤箱本身就不是懒人家里会有的。配料要准备六七样，戴围裙起油锅的菜色，你工作一天回家后真的会去做么？当你一个人时。

在中国能干的人眼里，世界大半国家的料理都简单。就算在日本影视剧里，比《花的懒人料理》懒得多的也比比皆是。

《深夜食堂》里，白米饭上加点柴鱼片是一集，白米饭上加鱼冻是一集，白米饭加茶水又是一集……半夜三更，顾客们似乎都懒得折腾自己的胃。

动画片《我们这一家》的花妈才叫真的懒。她的拿手菜是鱼竹轮，将买回家的鱼竹轮煮一下，盛盘端上桌，完成。最多再蘸点酱油。下雨天，她连续好几天懒得出门买菜，冰箱里除了鸡蛋空空如也。一家四口每人一碗白米饭，"噗"地打个生鸡蛋在饭上，再用筷子在饭上戳个洞，给酱油开路。就这样，又一餐对付过去了。

但《花的懒人料理》点明了一个道理，女为悦己者容，精心烹饪时总带着点取悦他人的心思，所以一个人空闲下来时就会全身心地放松懈怠，偷得浮生半日闲。花的懒是因为老公吾郎被外派，而每次老公即将归来则是她的冲锋战斗时刻。

在冲锋战斗之暇，女人可以比男人更懒。苏青说过："我爱吃，也爱睡，吃与睡便是我的日常生活的享受。"她最爱的懒人料理是蛋炒饭。没有菜，光吃蛋炒饭就行，饭要烧得松而软，回味起来有些带甜。那时她搬进了时髦的公寓，单身一个人。

懒和笨不相干，相反那是聪明人对自己的恩宠。

绝不相信今今社会一个能通过英语六级、立体几何、有机化学轰炸区域的成年人，声称自己学不会做菜。不，那只是他们不乐意罢了。

很长一段时间，有身份的人绝不亲自下厨，用中国话来说就是"君子远庖厨也"。谁见《唐顿庄园》里的太太小姐做过龙虾沙拉烤苹果派？青春叛逆的三小姐溜到厨房学做蛋糕，那是了不得的出格行为。不仅不做，最好不吃。《飘》中的斯佳丽参加宴会前先在家里点饥，然后让保姆把腰束得像喉管那么细。

明星们秉承了贵族的派头。萨朗·斯通的食谱叫"每日苹果"，做法是："走到冰箱前，打开冰箱门，拉开里面的水果储藏箱，拿出一只苹果，然后张嘴咬下去。"活过100岁的喜剧演员乔治·伯恩斯是这样煎鸡蛋的："把蛋放到平底锅里（如果能先打蛋更好），然后将蛋壳推到锅的另一边。3分钟后，别管那些蛋，吃那些蛋壳。"

那种特别勤快能干的都是做菜给别人吃，轮到自己享用时要么已是残羹冷炙，要么已经累得压根没体力和心情开动了。所以懒人多半外食，全心全意地品味，碗筷锅铲等一切后续之事不必理。

我以为世界上的餐馆分两种，一种是满足食欲的，一种是满足说欲的。最怕厨师太爱说话。中国餐馆的厨师，有时候还是脑子懒点好，一旦绞尽脑汁玩创新拗造型，再定个天价，只能给殷勤掼派头的老板搞商务宴请，以说为主。可是一道菜好吃，根本不需要多言语，它完全可以赤裸裸地直接封住你的嘴。

曾在上海一条小破路上吃峡山潮汕排档，懒到菜单都没有一张啊，直接看食材点：清蒸鱼、韭菜炒猪红、秋葵炒蛋、油炸豆腐、咸菜炒墨鱼、汆烫螺肉……搭配都像老夫老妻，实打实，不玩花样。再打个边炉，象拔蚌、牛腱肉、鲜鱿鱼切一切端上来，鹅肠什么的连切都不用切，还有各色贝类，略略涮一下捞起，也不用搞那套复杂如调色板的酱料噱头，脆嫩鲜甜，原汁原味，已经够满足。

这让我联想起中国古人诗词里吟的吃食，都是实在的味道。杜甫的"夜雨剪春韭，新炊间黄粱"，郑燮的"白菜青盐糙米饭，瓦壶天水菊花茶"，滋味穿越千百年仍能感受到。

诗人饮食之际吟诗唱和，但近世以来反倒没有什么作家能在完稿前好好享用一餐的吧。巴尔扎克、普鲁斯特、海明威们一杯接一杯灌浓咖啡，肚子饿这回事已被深度麻醉了，那些烤牛肉、炸鹌鹑、生蚝以及大量的苦艾酒，是写完以后的犒劳。

什么是属于自己的忙，属于自己的闲呢？更多人没有作家们的自由，忙完后也没有作家般的成就感。有种东西叫"工作岗位"，它可以让人整日像陀螺一样忙，其实无非是驴子原地打转。人在勤奋时，通常吃得很草率。勤奋过后回到家里，也已经筋疲力尽。有首诗里写道："悲伤地劳作，只为了一点点面包碎屑。"

整个工业化社会，都在让我们的食物越做越快。一分钟生产多少罐汽水，一分钟包装多少个蛋糕，而它们统统要屹立不倒整整一年。

快节奏的生活，并没有让我们挤出更多的时间留给自己，而是相反。我们喝速溶咖啡，吃切片面包，把便利店烂糟糟的盒装意面放微波炉里叮一下，时时刻刻都显露着仓促、心不在焉与焦虑，那些食物下肚后与满腹牢骚在一处叹气，简直能令一个人通体变酸。

这种工业化速度的极致结果，便是打抗生素的速成鸡，用生长剂的蔬菜，还有各类能让一锅水迅速变成白浓鲜汤的添加剂。发明那些的，都是脑筋最勤快、最努力赚钱的人。

懒，是人生的最高境界，任何独立自主、丰富多彩的生活都不是把自己忙得和苦逼一样的人所能拥有的。

夏天使懒人更懒得理所应当，外面是毒日当空，就算夜里也是热烘烘扼得人透不过气。厨房是益发不想亲近了，就抱半个西瓜用调羹挖瓤吧。冬天啊，面条总还在冰箱里站岗待命，煮的时候加个蛋，别把蛋煮老，溏心流黄的最鲜，如果还有剩下的半盒午餐肉罐头那是锦上添花。

吃着吃着，最理想的状态就是不自觉地弯身睡着了。这是饭气攻心，饭饱能醉人。狄波拉说张柏芝怀 Lucas 时吃到"饭气攻心"，吃着吃着，手拿着筷子就睡着了，平时一觉能睡十六七个小时，醒来仍张嘴吃，自然有人给她做饭。

所以说，懒人有懒福。

最有福气的春节里，乃是下午吃了酒酿小圆子和烂糊白菜馅儿的春卷两只，脑袋已经稍稍放空，再剥了一只橘子，嚼了数粒牛肉干，吃了几块曲奇饼，消灭了一堆瓜子，再是晚餐，白斩鸡酱鸭烤麸熏鱼鳗鲞清炒虾仁一圈圈吃下来，等铺满蛋饺鱼丸的暖锅上桌时，哈欠已经遏制不住，那就在沙发上歪躺一下吧，可能所有血液都从脑部奔向胃支援了。等妈妈摇醒时，八宝饭或奶油大布丁已经蒸透，火腿鸡汤也盛了一小碗在手边。一口一口喝着，啊，又想睡觉了。屋内暖烘烘的，窗外的爆竹声都退不去的倦意……黑洋酥汤团什么的，明天再说了。

黑夜给了我们懒的理由。特别馋的时候，往往在深夜。虽然知道楼下拐角还有小摊头在卖蛋炒饭和小馄饨，虽然知道再过两条马路 24 小时便利店正咕噜着关东煮与茶叶蛋。但是，就是懒得换身衣服、提上鞋子，下楼去跑那么一圈。只想不要迈出门去，尽快满足口腹之欲，不仅饱，而且解馋。

春节某晚，被节假日模式的餐馆虐待了时间和胃。半夜三更到家，只想吃点什么求安慰。我的懒人料理是打个蛋花汤，可以比《古畑任三郎》里那位漫画女作家搞得更简单些。汤里倒半包即食榨菜丝，不可煮太久，否则就没味了。蛋是天生的增稠剂，能使一锅清汤寡水瞬间难以捉摸起来，还能为互不相干的材质牵线搭桥。数分钟后，鲜美喷香的榨菜蛋花汤做好了，这时候手边有一锅米饭，能吃得人从发丝到脚趾都通泰舒畅。如果没有，那就趁热边喝边想象下。

吃着，不觉时间的流逝。

花开如牛肉

大明星总是矛盾体。莱昂纳多·迪卡普里奥换超模女友的速度，比她们后台换衫还要快，可另一方面他又四处宣扬环保节能。趁记者去洗手间，他拿起录音笔说教，劝诫记者不该吃牛肉汉堡，"牛会释放沼气，养牛很不环保"。其实那天他本人也点了份牛肉汉堡。

拿"沼气"排放量说事，还不够惊悚有效，莱昂纳多恐怕不知道中国古代有太多小说在规劝甚至恐吓人们禁食牛肉。钱钟书在《管锥编》中专章研究《太平广记》，称："《堂·吉诃德》记以全牛烤火上，腹中缝十二小猪，俾牛肉香嫩。"不过《太平广记》本身一直不遗余力地规诫别吃牛肉。其中有一则说某姑娘被夜叉掳走，此夜叉惧怕不吃牛肉的人，于是姑娘发誓再不吃牛肉，令夜叉含恨不得近身。这个故事教育人们："牛者所以耕田畴，为生民之本。人不食其肉，则上帝悯之。"

牛肉总是在人类发展历程中被当作某种标志。亚洲国家有过禁食牛肉的法令，为了农耕需要；也有过鼓励多吃牛肉强身健体的政策，为了脱亚入欧。这些都与牛肉本身无关，而由统治者迥异的治国大略决定。事实是，今日在亚洲国家里，厚实的上等牛排，切开来当中呈娇柔粉色的，都价格不菲。像莱昂纳多吃的牛肉汉堡，差不多是吃不上牛排，聊以慰藉的替代品。

牛肉颜色最美。日本的寿喜烧里，飞薄的牛肉最惊艳。鲜红、绯红、红白相间、红中带白波点，霜降牛肉、肥牛片、牛舌、牛眼肉等，由一个个方方正正的黑漆盒子盛出，摞成高高的一叠。炙烤过的牛肉颤颤巍巍夹入碗里，搅碎一个月亮般的生鸡蛋。越烧越甜，所谓"鲜甜"，鲜味正是靠甜味带出来的。

在呼伦贝尔草原上，当地的姑娘坦言"我们都不爱吃猪肉"，嫌它味淡腥臭，远不如牛羊肉油浓脂香、肥瘦相宜。有人惧怕羊肉有膻味吃不惯，可全国南北东西都在热火朝天地享用牛肉。川人擅长杀牛吃牛，正宗陈麻婆豆腐放牛肉末，成都夫妻肺片卖的是牛肺牛肚等，毛肚火锅源于纤夫以价贱的水牛肚涮红油锅饮烧酒，还有灯影牛肉这样的零嘴。广东潮汕有牡丹花般铺陈开一桌的鲜牛肉火锅，锅底是清澈的，蘸黄黄的普宁豆瓣，另有手打牛肉丸，牛气十足地浮在清汤里。这两年，潮汕牛肉被捧得极高，上海开出了真真假假许许多多家潮汕牛肉火锅店，覆盖率已经超过了沙县小吃，与兰州拉面有的一拼。但我吃过最好的牛肉丸还是潮汕老店铺手工打出来的，真正鲜浓满口。

村上龙说，美食和《浮士德》都会让人耳热心跳。他在小说里写："油炸小牛肉的面衣底下有一层乳酪和蘑菇，我每天吃它，想起百老汇的少女，面衣的哆啦哆啦感触让人想起因海洛因变糙的少女肌肤。"那油润的鲜香与齿间轻微的抵触，带着汁液迸溅的热腾腾的肉感。

黑泽明据说非常爱吃牛肉，吃得兴起可以干掉一公斤！他喜欢淌着血的牛排，但吃得更多的是佃煮牛肉，自己还会做烩牛尾、烩牛舌。听说东京开有黑泽明肉店，卖他推崇的牛肉菜。我家楼下也有间神秘的牛肉菜餐厅，冷艳高贵地开在八十多年前建的工部局宰牲场内，与当年牲口赴刑场的牛道相连。在这家人气极稀薄的餐厅，吃下烤牛肋骨、酸汤牛肉、黑椒牛仔粒、牛骨髓小笼包……

充盈的牛肉鲜汁不断在唇齿间扩散，夜叉有啥可怕，牛角顶出！

拿波里没有拿波里意面

　　拿波里就是那不勒斯，位于意大利南部。不过，亚洲人吃的"拿波里意大利面"，在拿波里可吃不到。这是日本人的发明，口味迎合美国人。二战后，横滨新格兰（New Grand）酒店被驻军接管，美国大兵当时喜欢把番茄酱拌入意面吃。酒店的主厨入江茂忠根据士兵们的吃法，加入了火腿炒青椒与番茄酱，发明了日本的拿波里意面。

　　安倍夜郎《深夜食堂》有一篇就讲拿波里意面，锅里炒的有火腿、洋葱、青椒，时髦一点的还加入蘑菇。老板做给一个地道的拿波里人吃，那小子表情复杂地吃完，一句话也说不上来。第二次登门，评价："虽然不好吃但是会上瘾。"这个拿波里小伙子，不仅爱上日本的拿波里意面，还迷上了落语，成了第一个上节目说落语的拿波里人。故事完全是东方文化的大获全胜。

村上春树在《意大利面之年》里浓墨重彩地描述自己煮面的心情："春、夏、秋、冬，我继续煮着意大利面，那简直像对什么事情的报复一样，如同把一个负心情人的古老情书一束束滑落于炉火之中的孤独女人一般，我继续煮着意大利面。"

古往今来，不知有多少才子为意大利面诉衷肠写情诗。意大利有记载的第一个意面食谱正是 1839 年以番茄酱为主做出来的。意大利拿波里美女索菲亚·罗兰在过七十岁生日时，依然保持着凹凸有致的曼妙身材，穿得上一套又一套性感低胸礼服。她说自己的秘诀是："每天要吃一大块披萨与一大盘意大利面。而且，要像真空吸尘器一样，全部吸光，一点都不剩下。"请注意这个动词，"吸"。这真是太形象了，那些被青的红的白的黄的酱汁裹满全身的细长面条，仿佛一下子有了生命，活泼泼地跳跃起来。而日本的国宝级美人吉永小百合，念念不忘的是早稻田大学附近餐厅的肉丸意大利面和茄子意大利面。

日本人很爱意大利菜，并且加以日式改造，发展出了日式意大利简餐并把店开到了国外。纯种意大利面花样繁多，可好多日本人眼中的意面，就只有肉酱和拿波里两种。在不少日本人心目中，吃到拿波里意面时唤醒的是旧时温馨的妈妈味道。甚至还有拿波里意面爱好者在横滨成立了"日本拿波里意面学会"。会长阐述道："不管是西餐厅里的高级味道，还是街上咖啡厅里的一道简餐，或是小时候妈妈亲手做的拿波里，每个人都有自己钟爱的拿波里意面。这些经历中都蕴含着日本饮食的西洋化以及饮食情况的历史。"

与拿波里意面情况相似的是日本人夏天吃的中华冷面，颜色五彩缤纷煞是好看，摆盘可是比中国的冷面细致讲究，但那也是日本人自行创造出来的食物。此外，还有粤港餐厅里的星洲炒米粉，其实也并非源自被称作"星洲"的新加坡。20世纪二三十年代，华侨在广州用南洋咖喱炒米粉，这才创造了黄哈哈的星洲炒米粉。

有时候不仅生活在别处，滋味也在别处。将本地新生食物，加以他乡名称，传扬起来琅琅上口。人们追奇求新，这是移花接木的一种。五里不同风，十里不同俗。地域差得越开，越能编造故事，于是，有餐饮老板搬借此类命名方法搞噱头营销。

记得好多年前，有亲戚从美国归来探亲，看到满大街冒出的"美国加州牛肉面"，十分疑惑："加州没有牛肉面啊？"是的，加州牛肉面是脑子发达的生意人针对中国市场生造的，味道其实类似台湾红烧牛肉面。各家在中国竞争激烈，为了这个名字，还曾惹出过官非。有新闻报道，"美国加州牛肉面大王"被指与加州毫无瓜葛而涉嫌欺诈。

许多人还记得几年前流行的"土家烧饼"。鼎盛时期，一条街上开着四五家，顾客排队啃孜然油大饼。打出这个名号的年轻人据说狠狠赚了600万元。不过，现在哪里还看得到土家烧饼呢？热潮转瞬即逝，噱头只有一时，没有长久的买卖。

宫藤官九郎编剧的《曼哈顿爱情故事》里，一门心思做咖啡、内心戏十足的帅哥店主，在怪咖顾客要求下，竟然也做了一份拿波里意面，这让情调十足的店主颇难为情。但是，若论格调、正统，那么这个开在日本的咖啡馆取名"曼哈顿"，也和曼哈顿没有半毛钱关系。

无处不在的方便面

看日剧《孤独的美食家》，要数一数松重丰总共吃了多少碗米饭；看韩剧《一起用餐吧》，可以数一数李秀景总共吃了多少团面饼，也即剧中所说的拉面。

拉面自带反光，被赐予无数次特写镜头！很纳闷，韩剧里的单身女子想独自在外吃碗新鲜的拉面，到底是有多难？剧中被大力推荐的所谓一个人吃的拉面店，隔间局促如科举贡院试场，面前还要垂下一道卷帘。

这不由让我感慨，本国女青年单枪匹马出门外食是多么的自由。读书时，学校有许多来自朝鲜半岛的留学生，韩食业因此特别发达。尤其当武川路上"长白山"崛起后，成了女生们的热门食堂：五颜六色的金枪鱼拌饭，滋滋作响的石锅拌饭，生梨浸泡菜的荞麦冷面，青红欲滴的大酱汤……长白山大酱汤用小铜锅子盛出，一个不锈钢大碗装有豆芽、胡萝卜丝、海苔等，配一碟色如胭脂的辣酱，和一盒白米饭。此外，送的前菜还能吃到烤牛舌。这，可是一人份，一个人坐那儿默默吃完。韩餐，一直都是这么大食啊！

这个时候，就会想起《人鱼小姐》里朱旺妈妈啜酱汤，喝到高潮由衷感叹："唉，他们外国人不能喝到酱汤是多么遗憾啊。"日本有味噌汤，韩国有大酱汤，都可算"国汤"，中国番茄蛋汤的地位比不上。

但很遗憾，店里没有新鲜面条。哪怕是豪气十足汹涌地煮着泡菜豆腐午餐肉的部队火锅，投进去的也是两个干巴巴的大面饼。每当我们想点拉面时，服务员通常都提醒客人："这个就是方便面哦，批发了几箱子，泡了开水端上来的……"这样做，是为了避免国际面条纠纷吧。

令人想不通的还有，韩国人吃方便面，还喜欢放在锅盖上吃。《一起用餐吧》里具大英对李秀景说："最后一根烟和拉面锅盖都是不能随便给人的。"然后递给她铜锅盖。这，原来锅盖还有类似校服第二颗扣子的作用啊！

至于吃过的印象最深的一餐韩食，是念书时到韩国人家里被招待的家宴。导师新收的"小师妹"是个韩国大婶，要赶回家给孩子们做晚饭。她请我们到家里做客，很认真地准备了两大桌子的食物。锅子里沸腾着特意向供货商买来的韩国产牛肉，一起投入的还有金针菇、蘑菇、青菜以及各种杂煮，蘸韩国酱油拌白萝卜泥。我们用手拨开紫苏、芝麻叶或生菜，包入烤牛肉、金枪鱼沙拉，切成细丝的黄瓜、胡萝卜、青椒、蛋皮，还有白米饭，统统卷起来送入嘴里。源源不断上桌的还有海鲜葱饼、炒粉丝、辣炒鱿鱼拌冷面……甜品是韩国的"月饼"：白色，小小的半圆形，糯米皮子，馅是白芝麻与糖屑。

食物非常美味，只是，气氛有点拘谨。男主人不在，大婶的一子一女先后回来。女孩和妈妈一语不合，筷子一扔就回房了，再也没现身。男孩也一直在抱怨这个城市，虎着脸。韩国大婶一再关照："这个老师懂韩文的，所以不要乱说话。"

可见东亚国家文化真有共通点，不仅方便面的味道差不离，就连熊孩子的脾气也一模一样。

上海女子的家宴

上海人生活的精致，在餐桌上尤其凸显。倒不是讲求铺张奢靡，一桌家宴既要照顾味道、丰富多样，也要精打细算、毫不浪费，要用 100 元钱做看起来价值 500 元的宴席，这才能显出一个上海主妇的能干。

台湾作家白先勇的小说总带着上代人的乡愁。他的《永远的尹雪艳》被改编成沪语话剧，展现的也是老上海的风情。

尹雪艳曾经是上海百乐门的红舞女，她的尹公馆维持着当年上海霞飞路的派头。看看她公馆设的家宴：午点是宁波年糕或者湖州粽子。晚饭是尹公馆上海名厨的京沪小菜：金银腿、贵妃鸡、炝虾、醉蟹。尹雪艳亲自设计了一个转动的菜牌，天天转出一桌桌精致的筵席来。到了下半夜，两个娘姨便捧上喷了明星花露水的雪白的冰面巾，让大战方酣的客人们揩面醒脑，然后便是一碗鸡汤银丝面作了夜宵。尹小姐面对的是一群"得意的、失意的、老年的、壮年的，曾经叱咤风云的、曾经风华绝代的客人们"，他们想在这里得到的是十里洋场旧日绯梦。

有大公馆，就有嗲小吃。电视剧《上海的早晨》里，徐义德"过关"回到家已是半夜三更，太太们都穿着睡衣，陪他在饭堂一起吃宵夜。宵夜中西搭配得妙，握刀叉也用筷子调羹，湿的有银耳莲子羹，干的有奶油蛋糕。稍后，佣人们现蒸的小笼包子热腾腾地捧出来，每人夹一个，蘸点醋。

上海女作家陈丹燕在《慢船去中国》里写"红房子西餐馆的家宴"，好不容易出国的践行家宴吃的还是不正宗的海派西餐。会刀叉的大人点了葡国鸡，姑娘们点的是烙蛤蜊与炸猪排。"维尼叔叔要的主菜也是烙蛤蜊，他细长的手指尖尖地伸过去，轻轻扶住坐在小凹档里的半个连壳蛤蜊，将淡黄色的蛤蜊肉从撒了大蒜茸的汁汤里叉住，剥出来，再裹起一些蒜茸来，放进嘴里。"这细致的描写，并不能让人萌发出对此顿家宴滋味的向往，讲究的是吃相与派头。

倒是王安忆的《长恨歌》写"上海小姐"王琦瑶自家搞的小宴席，看似寻常，实则颇见心思。"王琦瑶事先买好一只鸡，片下鸡脯肉留着热炒，然后半只炖汤，半只白斩，再做一个盐水虾，剥几个皮蛋，红烧烤麸，算四个冷盆。热菜是鸡片、葱爆鲫鱼、芹菜豆腐干、蛏子炒蛋。老实本分，又清爽可口的菜，没有一点要盖过严家师母的意思，也没有一点怠慢的意思。"主人的体贴细致，全在这一桌家宴小菜中体现出来。大城市里的人，最要紧的是把握好分寸。这样的菜，既是家常的，款待客人也不丢脸，显得她与客人之间关系亲近，也看得出她请客的诚心。

《长恨歌》被拍成电影，又被拍成电视剧。这场典型的上海家宴被摄像机镜头细细扫过，上海观众见到会心一笑。

上海人的家宴，就算到了外头，也有着极佳口碑，马虎不得。香港作家亦舒的小说《小紫荆》里，写到程家的一大宝贝就是厨子阿娥：一名由外婆调教会做上海菜的女佣，"尤其会做上海点心：生煎馒头、肉丝炒年糕、荠菜云吞。水准一流，牌友吃过，人人称赞"。子盈的大哥子函回来，就要叫唤阿娥："做一只八宝鸭我吃，还有，蒸糯米糖莲藕。"八宝鸭费工夫，配合重要场合、重要人物登场。小说里的这只八宝鸭从阿娥出门买菜到焖好装盘，已是傍晚。这场家宴，一家人外带上门男友，开始啦。

面拖蟹不加蛋

东方卫视真人秀节目《顶级厨师》的最后一场红蓝大赛最具本土风情，对着一池江南莲叶，开出的菜单是淮安炝虎尾、扬州煮干丝、古法桂花肉……以及老上海面拖蟹！上海爷叔顾晓光，竟然不听"厨界吴彦祖"刘一帆的话，做的面拖蟹里坚决不肯加蛋。爷叔是模子啊！我家做面拖蟹就从不加蛋，也没见过别的上海人家做面拖蟹时加蛋。

在我家，除夕以外，中秋节的团圆饭是一年间最隆重的，在家里慢悠悠地吃才落胃。秋天是上海最美最馋的季节，先笃悠悠地剥紫葡萄和糖炒栗子，然后饭桌上摆出酥烂的酱鸭、黑木耳金针菜花生烧烤麸、盐水煮毛豆芋艿……乃至刀叉切开的玫瑰细沙月饼、青花瓷小碗盛着的嫣红罗宋汤，还有蟹。中秋节紧挨着国庆长假，大闸蟹刚刚开捕，量少价高，待客是有面子的，可尚未到吃螃蟹的最好时节。要等到秋深风寒，农历九十月间，蟹脚才硬，脂香肉满。中秋前后，农历八月中下旬，倒不妨吃面拖梭子蟹。

有些菜谱上，强调面拖蟹要选用"六月黄"，其实这种螃蟹小正太小萝莉，身量未足，无非贪其一时新鲜。且螃蟹外壳硬，与面拖外脆里软的口感并不搭，一筷子夹过来吃不到几口肉。我家做面拖蟹，要的是风姿绰约的熟女，务实得很，吃的最多的是面拖梭子蟹。梭子蟹的壳软而薄，肉质洁白细嫩，更重要的是肉头饱胀啊，仿佛乡间女子胸脯丰满得要撑破连衫裙。

如此饱满的梭子蟹掰壳去鳃，斩成两半，裹粉后下热油锅，锁住一团膏黄蟹肉，再加入酱油、料酒、糖等等调味。有时还加入几粒剥好的毛豆，给面糊的稀薄感增加点变化。毛豆难入味，但浸润在充满蟹味和酱味的面糊里，早已全身心地投降了。

上海饭店里能吃到毛蟹炒年糕，但基本看不到面拖梭子蟹。所谓上海家常菜，其实在本帮老饭店里吃不太到，在高档的创新海派菜馆里少见。即使有，也很离谱，完全不是地道家庭风味。

正经的上海人家，热爱搞家宴，倒不是嫌外头贵，而是自家水准往往在本帮饭店之上。台湾人舒国治的书里批评上海小吃过油过咸，但表扬上海家庭的菜："上海的人家家中的菜倒是极好，这是台北家庭几十年来自诩工商忙碌后再也不堪恢复的佳良吃饭传统。"他本人是一日三餐皆外食的，不知哪一家上海人盛情款待了他，菜色想必是好的，但终究不是他自己的家。

在自己的家里吃饭，可以从容地轮流吮十个指头的汁，可以毫无顾忌地把饭直接盛在留有面拖蟹余糊的盆子里——那个顶鲜美，极下饭。吃完这酱色喜人的拌饭，才会觉得，嗯，满足了，只需一泡桂花茶来梳理回味，探身望一眼窗外圆满的皓月。

甜咸之争

　　《舌尖上的中国》第二部大打情感牌，夫妻恩爱的和谐场景出现了一次又一次，让人印象深刻的是四川媳妇在帐篷里给老公做豆花吃。白嫩细滑的豆花，配的蘸水有红油辣子、小米辣、花椒、葱姜蒜等等，麻辣咸鲜。有吃货界人士愤怒地表示："第一集里面，尚未播放过半，就已经出现咸辣豆花，并且绑定夫妻情深。这是对豆花甜党的偷袭，更是豆花界的珍珠港事变！"

　　豆花的甜咸之争，再次被引爆。豆花是吃甜的，还是咸的？这个话题能掀起全国大讨论，与微博传播快而散的特征有关。2011年，有人发文："在豆腐脑咸甜事上，最见南北差异"，并先吐露自己吃咸的。小话题迅速惹来众人参与，每个人都有发言权。"甜党"和"咸党"展开了激烈的交锋。讨论之热烈，甚至还闹上了美国白宫请愿网站。从此，每隔一段时间，"甜党"和"咸党"都要争执一番。

　　岂止是豆腐花，甜党与咸党的争斗还蔓延到了食物界其他领域。比如但凡涉及糯米类食物的，南北必定有一番甜咸之争。南方除甜汤团外，还有咸味的鲜肉汤团、菜肉汤团。北方汤圆只有芝麻馅等甜元宵，他们无法想象咸馅。同样，北方人无法接受江南的肉粽子，更想象不了裹上火腿、香菇、花生、栗子、干贝的福建粽子。有个在广州工作的辽宁人发文抱怨："粽子里只放糯米和红枣很难吗？"生在河北的赵忠祥也是"甜党"："我都把粽子当甜点，南方那边才有咸味肉馅的。"而山东姑娘范冰冰喜欢吃有甜又有咸的"嘉兴粽子"："每次从上海到杭州走高速公路的话，都会在半路上的收费站那里，特地跑下去买粽子吃。"

　　有些食物很难定义它是甜的还是咸的。云南火腿月饼，到底算哪派？恐怕许多北方人接受无能。而内蒙古的人到了南方，才第一次喝到了甜的奶茶。

　　上海人夏天爱吃糖番茄，番茄撕皮后撒上白糖，最好再冷藏一下。这道糖番茄也出现在中国北方人家的饭桌上，连新疆馆子都有糖拌西红柿卖，总算是口味统一了。不过，往东出国门，日本人拿番茄蘸盐吃。他们认为，加了咸味，才能更好地品出甜味来。番茄可以入菜，这也罢了。但是西瓜，日本人也切成片蘸盐来吃。中国的海南等地方也用盐蘸水果吃。而到了台湾地区，鲜切水果极多，无论是芭乐还是苹果，蘸的是酸梅粉！

　　有句老话说"十里不同俗"，地域间口味的差异正是美食文化的巨大财富。所谓"甜咸之争"，护卫的无非是一种自幼的习惯。真正热爱美食的人，对未知的美味，总有种一尝为快的贪婪。人生在世，乐趣之一就是走没有走过的路，吃没有吃过的东西："期待明天的滋味，不忘昨日的来处。"

什么都是元宝

过年时什么菜最受欢迎？当然是"元宝"，图个好口彩！北方人管年节里的饺子叫"元宝"，那是白花花的"银元宝"，而南方的"元宝"可是金黄色闪着诱人的光芒。

南京人过年吃素什锦，称作"元宝菜"，取十全十美之意。有一道黄豆芽炒油豆腐，过年时常见，整一碗都是黄澄澄的，又是发财又是"金元宝"，同样叫"元宝菜"。《半生缘》里过春节，正值恋爱盛季的年轻男女一起下馆子吃饭。世钧舀了一匙子蛤蜊汤喝，笑道："过年吃蛤蜊，大概也算是一个好口彩——算是元宝。"叔惠道："蛤蜊也是元宝，芋艿也是元宝，饺子蛋饺都是元宝，连青果同茶叶蛋都算是元宝——我说我们中国人真是财迷心窍，眼睛里看出来，什么东西都像元宝。"

在更多人心目中，最形象最可口的"元宝"必定要属蛋饺啊！

几乎没有人不喜欢蛋饺。在上海浦东乡郊和崇明岛，农家饭桌上可以吃到用新鲜野菜和鲜肉剁馅包的大蛋饺，个头可是比普通蛋饺大三倍还不止，底下铺着厚实的肉皮。香港则有鲮鱼蛋饺，馅料由新鲜鲮鱼肉打成胶，加入芫荽、猪肉、胡椒、陈皮等，富有弹性。而原汁原味的上海蛋饺，娇柔而俏式，是纯肉馅的，咬下去还有隐隐的鲜汁。

有群年轻吃货拍了《一人食》系列短片在网上播，单集才两三分钟，诠释"不孤独的食物美学"，其中有一集就是"上海蛋饺"。从剁肉开始，削荸荠，加调料，做好肉馅。接着就是上海小囡最喜欢的做蛋饺皮子环节！把嫩黄的蛋液倒入圆勺子里，放煤气灶上转一圈，瞬间凝固，再放入肉馅，将蛋皮的一边揭起盖在另一边上，完成。短片里用猪油擦勺底，而寻常人家的妈妈们，以前可是用棉花蘸油，轻轻一抹。这个工作有趣又细致，小孩子也完全可以胜任。厨房里大人都在忙碌，而小孩子也能参与进来，颇有成就感。

演员袁立在《正午时分》里写她从杭州回到上海爷爷家过年："家里的年味已经很浓了。灶间早就挂上了三两只开过膛的鸡和鸭，几百只蛋饺也齐齐地码了一盆，年糕泡在水桶里，炉上的火还没有灭，大铁锅里飘出阵阵卤肉的香气。"几百只蛋饺啊！这真不是一般的气势！摊好的蛋饺，肉馅还是生的，要放入砂锅煮熟。这个砂锅可是重头戏，底下塞着白菜、粉丝、肉皮，一层接一层铺上鱼圆、肉圆、熏鱼、大虾……而最上面满满围着的全是金灿灿的蛋饺！盖子掀起，全家人在水蒸气尚未散开时已七手八脚地一起夹蛋饺，顾不得烫嘴，先捞一个元宝下肚吧！

年味满满的狮子头

　　说到年菜，狮子头可是俏得很，总能在春节饭桌上露个脸。曾经吃到过一户上海人家送的菜，他家每年岁末都要做大量的油爆虾与红烧狮子头分赠亲朋好友，那狮子头做得小巧，有满满一锅子。将过农历春节时，祖籍江苏盐城的郝柏村当着东森电视台等媒体的面，现场制作"郝伯伯家的狮子头"，材料除了肉，还包括鸡蛋、虾仁、豆腐、荠菜、爆米花、荸荠、蛤蜊、粉丝，以及红烧肉卤汁和特级陈年高粱酒等。郝柏村每年春节制作三百余个狮子头，都由自己一手操办，细刀慢碾，轻手慢搅。他说："食物就是对人的诚意嘛，煮食物要用心，心就是对人的诚意。"

　　同样是大肉丸，北方称作四喜丸子，而我们这里称狮子头。狮子头属淮扬菜，与拆烩鲢鱼头、扒烧整猪头并称"扬州三大头"。

但扬州那里管狮子头叫"大斩肉"，做工考究，用调羹舀食，滑香鲜嫩，齿颊留芳。

扬州的狮子头装盘真有派头，多是清炖而成的，上有蟹粉，下垫青菜，浸在鸡汤里，可以当作国宴大菜。上海的狮子头大多油氽红烧，出没于大食堂，属最大众化的肉菜。小学生在学校午餐也经常吃狮子头，没有骨刺，十分方便安全。过去上海有家"东方快车"，虽是做快餐的，但烧出来的红烧狮子头极受欢迎，最大特色是外表浓油赤酱，筷子夹下去却嫩如豆腐。

家里做狮子头，常拌入剁碎的荸荠末。汪曾祺在《肉食者不鄙》里具体写过狮子头的做法："猪肉肥瘦各半，爱吃肥的亦可肥七瘦三，要细切粗斩，如石榴米大小（绞肉机绞的肉末不行），荸荠切碎，与肉末同拌……"但也有美食家如唐鲁孙等称添加荸荠的做法不正宗。

有部电视剧叫《神医喜来乐》，剧中令人印象最深刻的情节就是主人公爱吃铁狮子头，那也是红烧的。主演沈傲君谈及戏里的狮子头，说："我会做，我学了南北两方面的不同做法，一个是清汤狮子头，一个是炖狮子头。"不过，真正拍戏的时候，她可来不及亲手做，狮子头都是从小饭馆里订的。

　　名人之中，除了郝柏村，最爱狮子头的属周恩来。淮扬菜走向殿堂，周总理功不可没。他曾特意让自家厨师去国宾馆专门为蒙哥马利做拿手菜——黄焖狮子头。这道狮子头"味厚、鲜香、嫩爽，易咀嚼、易消化"，蒙哥马利吃了赞不绝口，美食外交达到了目的。

　　周恩来亲手做的狮子头是红烧的。他在重庆请文艺界人士吃饭，阳翰笙、白尘、陈鲤庭、郑君里、舒绣文、白杨、张瑞芳、秦怡都在座，大家挤在一起热闹非常，碗筷、板凳都不够。大家听说这盘狮子头是周总理亲自做的，所有筷子下去，一扫而光。徐冰几十年后回忆道："周总理在重庆做的那道红烧狮子头的美味确实令朋友们回味了很久很久，有的人终生都不会忘掉。"

小笼馒头的万诱引力

香港点心品种繁多，唯一做不好的是小笼包，但把小笼包写得最性感的是香港作家。李碧华写过一篇《包子情欲与包子杀人》，大谈小笼包的"潘驴邓小闲"："隔一层轻纱，可窥见它的容色，朦胧隐约，万诱引力。你虽欲一口干掉之，也得讲仪态。"这只笑不露齿、小鸟依人的包子，在她笔下尤其矜贵玲珑，等着人争相献殷勤。相比之下，上海油腻腻嘈杂馆子里的小笼包，再好吃，都好似一朵"弄堂之花"，开门见山，拳拳到肉。把食物与欲望联系在一起，好比一出"精装追女仔"。

香港机场堆积如山的熊猫公仔都抱着一个蛋挞，蛋挞是香港的象征。建议上海机场的熊猫应该双手捧着小笼馒头，小笼在全球各国人民心里，都算得上是上海的象征。

　　真的，会有国际巨星在上海机场吃小笼。法国老牌明星凯瑟琳·德纳芙则指定要去城隍庙吃小笼包。日本的滨崎步来上海巡演，从酒店到机场后就要求吃热的点心，她在机场吃到的是一盒小笼。人气偶像山下智久到上海，也对着记者称最爱上海小笼。到一处地方夸赞当地的风味美食，这是一种礼节。而美国的社交名媛帕丽斯·希尔顿抵达上海首日就去了城隍庙，换上旗袍丝巾直奔南翔馒头店，在瑞鑫楼坐定，她完全用不来筷子，一直在用勺子和手对付滚烫的小笼。

　　上海国际电影节以特色点心招待各国嘉宾明星，小笼和生煎是两大秘密武器。有意思的是，我们管小笼叫"小笼馒头"，管生煎也叫"生煎馒头"，虽然同为"馒头"，可两者的区别不小。上海小笼馒头的面皮是死面，不经过发酵，皮薄得近乎透明，筷子夹起来颤巍巍的兜住汤汁。全国许多地方都有自称"小笼包"的点心，样貌、做法、味道迥异，不同地域的小笼包差异简直堪比方言的不同。但海内外，上海小笼获得一致的认可，被视作正宗。

　　小笼在国家级别的外交场合，屡建奇功。早在 1972 年，美国总统尼克松访华，抵达上海的当晚，锦江饭店设宴，最受美国人欢迎的正是上海特色点心——蟹粉小笼。而城隍庙的绿波廊用小笼接待了无数政要，美国总统瞪大眼睛夹着小笼的照片至今还在墙上。来上海参加 APEC 会议的秘鲁总统带着女儿吃蟹粉小笼，热气腾腾上桌时差点被他们举起刀叉就"拦腰一刀"，亏得服务员及时阻止才吃到了里头一包浓汤。

不过，现在外国明星来上海，去城隍庙现吃太兴师动众了，安保困难，不方便。于是安吉丽娜·朱莉、贝克汉姆等明星带孩子来上海，就在上海的高档酒店厨房上制作小笼包的课程，动手做一做，再品尝下味道。

陈慧琳的二儿子花名叫"小笼包"，但在香港长住的上海伯伯表示，小笼还是飞回上海吃好，浓香味美，有一种踏实的精巧。有小笼爱好者称在富春小笼店堂里，撞见了和助手一起来寻味的香港明星刘松仁。这位老牌帅叔叔，真正懂吃啊！

香港的影视剧，上海租界时代江湖恩怨是长演不衰的。被宣传为"中国版《辛德勒名单》"的 TVB 剧《上海风云》播出前，张可颐、苗侨伟、杨思琦、黄宗泽曾经齐集香港尖沙咀的一家上海菜馆，以学做上海小笼来预祝开剧大吉，剧中女主角正是"小笼包皇后"。

有意思的是，三十年前因《上海滩》而为上海人喜爱的香港明星赵雅芝，如今带着儿子在上海吃宵夜，特意要求少油，连素菜的油都要求滗去。可是，她点了臭豆腐，点了葱油拌面，还点了一打小笼！要知道，每个小笼馒头的内心都暗藏着油光浮面、肉气十足的荤念头啊。

岁月的月饼

　　看完香港电影《岁月神偷》，所有人都会牢记那散发着金子般光芒的"双黄莲蓉月饼"。该是多么稀罕的奢侈品啊，吃一盒月饼是了不得的大事。20世纪60年代，香港底层平民要靠"供月饼会"来分期付款买月饼吃。嘴最馋的总是小孩，罗进二小朋友不满每个人只能分得半块双黄莲蓉月饼，毫不懂事地偷吃了半盒子，还躲到妈妈身后冲暴怒的爸爸喊："下次我要一个人吃完一盒双黄莲蓉！"这甜蜜的月饼简直成了辛酸日子的浓缩。

　　匮乏的岁月里，更多人是吃不到优质的双黄莲蓉月饼的。但最可怕的不是好东西吃得少，而是看起来已经到了什么东西都能买到的岁月，可是劣等货霸占了记忆！

　　一些论斤称的月饼，咬开来一团硬邦邦甜腻腻的东西，分不清到底什么是什么。这样的唬弄，害惨了月饼界原本的高档货五仁月饼。都在说"五仁滚出月饼界"，但那些嚷嚷的人恐怕没吃过好的五仁月饼。

正宗的"五仁"指核桃、芝麻、瓜仁、榄仁和杏仁，备料远远比豆沙什么的复杂，历史可是相当悠久。《红楼梦》里的月饼就是"类五仁"的："将自己吃的一个内造瓜仁油松瓤月饼，又命斟一大杯热酒，送给谱笛之人，慢慢的吃了再细细的吹一套来。"馅料用松仁、核桃仁、瓜子仁细末，微加冰糖和猪油，不觉甚甜，香松柔腻。

一年吃一次的东西，还是不要太马虎，要用点心才是。今时今日的人，不再土豪般追逐高档礼品式月饼，反而可以静心做一些细致的点心。

每到中秋季，正是各路明星为月饼代言的好时节。陈慧琳怀孕五六个月时，还在敬业地手捧奶黄月饼拍广告。林志玲说自己喜欢水果馅的月饼，蓝莓的、草莓的都好。宣传电视剧《胭脂雪》时，范冰冰特意定制的是玫瑰燕窝雪蛤馅月饼。炙手可热的韩星金秀贤，则为冰淇淋月饼在中国站台。

有人独品一味，只吃云南滇式的宣威火腿月饼，加了蜂蜜，既咸又甜，香味浓郁。有人厌倦了广式，偏爱素净的酥皮玫瑰或山楂月饼。还有人喜欢切开来黑黑的苔条月饼，镶嵌着粒粒松仁。以前的人很难满足基本的"糖欲"，过节就盼着吃口甜的。而显然，现在人们想吃得更丰富些。邻国人民也很看重中秋节，但赏月时，日本人吃糯米的"月见团子"，韩国人吃的是松饼，味道比中国的月饼单一多了，也卖不出天价，成不了辗转的重礼。

通常中秋节吃到的月饼，都几乎搁了一个月。论新鲜度，还是现烘现卖的鲜肉月饼最娇贵。热腾腾地从铁锅里铲到油皮纸袋里，趁着滚烫咬开酥皮，完整的肉馅还兜着油汁。这是上海初秋特有的风情，没有明星为之代言，却能代言一秋的上海。

正能量的肉包子

庆丰包子铺普普通通的"二两葱肉馅包子、一份炒肝、一份芥菜"现在成了许多顾客首选的套餐，月坛店每天葱肉馅包子销量比以往翻番，甚至有人专程从天津赶来吃包子。

说到北京的包子，第一感觉是北方人实在，包子量足。庆丰的二两葱肉馅包子足足有六个呢！以前看马晓晴客串演小保姆的《编辑部的故事》，侯耀华演的编辑领她去吃早饭，一上来就是半斤肉包子，满满一笼屉，热气氤氲。马晓晴一手一个包子，一口下去就去掉小半个，边嚼还边对男编辑说："城里人小气，在家这样大的包子，我一顿能吃六个，等下再买半斤怎么都够了。"胃口好得吓死上海人。

《骆驼祥子》里活在底层的拉车夫买羊肉馅包子，一买就是十个，用张白菜叶托着。老舍在《离婚》里也写包子："羊肉白菜馅包子刚出屉，在灯光下白得像些瓷的，可是冒着热气。"一对小儿女两眼放光，吃得好似小饿老虎呢。可见北京人那时候吃得多舒坦多滋润，羊肉可是比猪肉香得多了！

上海人管包子叫馒头，不论斤论两，论个卖，一般成年男人吃两个，已经足够了。除了通常的大包外，上海的肉包子尺寸还有中等和袖珍。中等的例如"北万新"出名的鲜肉中包，袖珍的则是各种小笼包。它们的共同特点是一咬一泡浓鲜的汤汁，可以顺手往下滴，略甜，不放酱油、葱蒜这类重口味调料，肉馅完整成丸，咬下去无比软嫩。

上海的肉包子特色明显，吃过南北各地的包子后，体会就更深了。北京的肉包子里加了葱，新疆的包子是羊肉馅的，香港的包子把叉烧肉露在外头，扬州的包子馅有三丁、五丁。而在日本，包子等同中华料理。横滨的中华街上竞赛谁家包子最大。有多大？比笼屉还要大的都有。外国人把中国菜理解成"杂碎"，包子也是什么都往里头塞，群龙无首，反而不如纯粹的肉包美味，吃过一次就倒了胃口，并且，不便宜。

赖声川与王伟忠的话剧《宝岛一村》讲的是台湾眷村。赖声川说："在台湾的眷区，有各省的人，所以也有很多地方的特色食物。比如天津包子，肉馅都是根据不同季节的变换而肥瘦比例不同，所以这个天津包子的制作细节也特意在戏中有所展现。"没想到的是，演老板娘"朱太太"的竟然是歌手万芳，最后谢幕时，她宣布每位观众可以在剧院门口领一个肉包子。这肉包子不普通，据说是话剧里"朱太太"的原型——眷村阿姨亲手包的眷村包子。包子贴着"宝岛一村"标签，有着难得的温度，在冰冷的寒夜充满正能量，让每一个离去的观众都分外珍惜。

错误的布朗尼

在南京西路吃了顿正宗的英国大餐。无论是炸鱼排配薯条，还是被称作"农夫之餐"的传统英式猪肉派，或是简单的烤鸡，都不怎么合中国人的口味。正当沮丧之际，甜点上来了，像金字塔般小小黑黑的熔岩蛋糕，滚烫的巧克力浆融在嘴里瞬间有了幸福感。

这种黑乎乎的切块巧克力蛋糕，无论是否有黏黏的馅，都被称作布朗尼。上海人很早就吃这种重口味蛋糕了。"布朗尼"属海派西点之一，比松垮垮的戚风蛋糕口感厚实丰盈得多，张爱玲很爱的"老大昌"，至今还在卖硬硬的上海版巧克力布朗尼。

对于热爱巧克力蛋糕的人来说，布朗尼是一餐完毕后最理想的甜点，所以它被称作"治愈系甜品"。美国传奇影后凯瑟琳·赫本提供过自家的布朗尼蛋糕配方：在汤锅里融化奶油、黑巧克力片，加入糖、蛋、香草粉、中筋面粉、盐，165 摄氏度烤 40 分钟，做起来不难。《绝望的主妇》里身材最迷人的是模特出身的加布里尔。饰演加布里尔的伊娃·朗格利亚，令人妒忌地表白过自己对布朗尼的偏爱："布朗尼是我每天都要吃的甜品，我自己也常常做。还有什么比涂上巧克力酱的蛋糕更美妙的事情吗？"这就和奥黛丽·赫本每天都吃巧克力却不长胖一样。

布朗尼吸引人的一个重要特点是不拘小节。得名一目了然，源自它深棕色的外形，被创制的过程也很随心所欲。据说在 18 世纪，一个美国黑人妈妈在做巧克力蛋糕时，忘记放入发泡粉，结果烤出了这种口感扎实的半熟蛋糕。这就和中国人误把硝当盐来腌制肉，却误打误撞创出了肴肉一样，是一个错误引发的传世美味。

作家萝莉·柯文写过一篇美文，几乎把布朗尼蛋糕写成了美国的"国糕"，她说："几乎所有的美国人都热爱布朗尼，连减肥中的人都抗拒不了它的诱惑，只要有人给他一小块，马上就像只花栗鼠似的小口小口迅速吃了起来。"布朗尼通常都会加入核桃，但很多人都不喜欢这种搭配，更喜欢平实的口感。它们最完美的状态是出炉后，被随意地切成一大堆，叠在盘子里，配上草莓、冰淇淋、鲜奶油或者纯粹的巧克力碎片等，想怎么吃就怎么吃，想吃多少就吃多少。

　　我们这里正流行的是有流质馅浆的熔岩蛋糕，关注的是内在的变化。而在英国，布朗尼这种美国"国糕"还发展出了很不普通的形态——布朗尼馅饼，其实更准确地说是布朗尼挞。混搭美食专家将略黏稠的布朗尼与蛋挞皮相结合，制成了这道能与可颂甜甜圈相媲美的甜点，与流行的泡菜贝果、拉面汉堡包等一起成了紧俏时髦的跨界点心。

公主的冰激凌

吃冰激凌最经典的一幕出自美国人拍的电影，地点却在意大利。《罗马假日》里奥黛丽·赫本饰演的安妮公主，仿佛天使骤临凡间，坐在西班牙台阶上，心无旁骛地舔着一个蛋筒冰激凌。那可是最纯正的意大利冰激凌啊，绵软、浓郁、新鲜。隔夜就要被扔掉的冰激凌，与四周矗立的古老建筑，造成了时间上的强烈对比。

半个世纪以来，不知有多少姑娘来到罗马的西班牙台阶，模仿安妮公主舔意大利冰激凌，拍照留念。可是，慢着！罗马市政当局已颁布法令，不许人们在城内古迹区吃喝。也就是说，像安妮公主那样优哉游哉吃冰激凌的行为，要被罚掉 650 美元！这引起许多意大利人的不满，太不符合冰激凌的欢乐精神了。

意大利人认为，世界上最好吃的冰激凌产在意大利。"邦女郎"

玛莉亚·嘉西亚·古欣娜塔生于西西里岛，为意大利冰激凌代言，完美诠释了何为"让眼球吃冰激凌"。她说："我很喜欢吃冰激凌，但不是那种吃了会胖的美式冰激凌，而是意大利的手工冰激凌。"美式冰激凌含奶与糖多，口味厚重、甜腻；意式冰激凌以牛奶和水果为主，口感绵密、清爽，热量和脂肪低。

除了意式与美式之外，冰激凌还被日本人改造出了惊悚的口味，例如芥末味冰激凌、墨鱼冰激凌以及酱油味冰激凌！专门浇在香草冰激凌上的酱油竟然在日本很畅销，有人评价说这种酱油与冰激凌融合的味道好像焦糖。还有公司发明了以酱油冰激凌为馅料的泡芙，看上去鲜亮嫩黄，口感有酱油的咸香，隐约能尝出坚果的味道。

深受日本文化影响的中国台湾地区，也跟着对冰激凌展开奇思妙想。"超女"黄雅莉出专辑时围绕"不怕"宣传，公司想出的怪招是让她吃台北西门町老店的猪脚冰激凌，算得上冰激凌界的奇葩。冰激凌应该是甜的还是咸的？只怕如同汤圆、月饼、豆腐花到底是甜还是咸一样难以服众。

为冰激凌代言的女明星分两类。一类走清新可爱的少女路线，例如林依晨，代言时说"初吻的感觉就像第一次吃茉莉花口味的冰激凌，感觉甜甜麻麻的"。另一类则是曲线婀娜的性感熟女，例如林志玲，一身清凉舔冰激凌的广告惹来火热争议。而现在，中国涌现出一群结合了这两类女性特点的女星，典型的例子是杨幂。在她一夜爆红之际，杨幂对记者说的是"勺子和冰激凌"理论：

"机遇总是留给那些有准备的人：永远带一个勺子在身上，以免有人突然要请你吃冰激凌。……大家都在等待一个机遇，也就是那个冰激凌，可如果有天可以吃到这个冰激凌了，我又是否备好了勺子呢？"

好吧，奥黛丽·赫本也好，林志玲也好，杨幂也好，在她们甜美地吃冰激凌时，都已经把勺子准备好了。

酿味（代后记）

　　是枝裕和编剧并导演的日剧《Going my home》里，复出的老牌女星山口智子饰演家庭料理师，为广告拍摄制作各色靓丽的食物。青草地上坐着粉嫩的美少女，好像一朵樱花般娇柔，她指着料理师用手捏好的雪白饭团，表情为难："这个……如果是妈妈捏的没有问题，别人捏的就……"料理师只好戴上一次性手套重新捏饭团，感慨并羡慕着美少女的娇气："我觉得她一定是被家人爱着，好好养大的。"

　　"好好养大的"这句话戳中了我。食物是种奖励，是种期待，是想要爱一个人时源源不断想靠近的亲密。

　　爱尔兰作家埃德娜·欧伯莲写道："婴儿的第一口食物来自母亲。或许这就是为什么，我们与食物和与母亲的关系意外地相似，两者皆如战场，屡屡在喜欢与不喜欢、想要与不想要、挑剔苛求和老套的罪恶感之间角力。"没错，正是"角力"。

我的父母都对食物充满热情。简单来说，他们分别是"不可以吃女士"与"吃到爽先生"。他们一直用截然不同地对待食物的方式来表达他们的爱，我家饭桌至今仍不断有状况发生，充满了争吵。

我妈妈患有强迫症。冰箱空荡荡对她来说是灾难，必须把冰箱塞得酸奶与鸡蛋打架、果酱忍不住往外蹦才觉得心安。每次关好冰箱，她还要用拳头重重地砸几下门，以确保关得严丝合缝。冰箱里的食物在她看来，都怀揣着一颗私奔的心。可想而知，有严重强迫症的妈妈，会在吃的问题上，有着怎样巨大的不妥协。

我妈妈会莫名地害怕各种不卫生，不惜以损失味觉来抵消她的恐惧，尤其当那些菜是要端给我吃的。

直到现在，我都没有吃过一枚我妈煎出来的溏心荷包蛋。本该嫩嫩的蛋黄，一定会被我妈煎得从姿色撩人变成黯然失色，最后令人大惊失色。蛋白滚绣裙边都被烘焦了，嚼起来硬得像块沙发布。每次吃那枚木而粉的荷包蛋时，我都替那个蛋叹息：你到底是经历了多少磨难，才拥有了这样一颗苍老的心。

　　有好几次，我爸爸买来小小白白的血蚶或新鲜硕大的泥螺，结果都惨不忍睹地在我妈"保险一点"的火候攻势下，变成了一堆灰白色皱缩的老韧尸体。我真是替这些可怜的生物叹息，哪怕死在餐桌上，也可以死得更饱满、可人、体面点。费雪在《写给牡蛎的情书》里说："那清凉、细致的灰白色躯体，滑进一口炖锅之中，滑进炙烤火力之下，或活生生地滑进鲜红的喉咙里，结束。它一生没有思想，所历经的危险却不少，这会儿它已经玩完了，我们说那也许是它较好的归宿。"而在我家，那些原本该凝固在生命最闪亮时刻的软体动物，永远不能死得其所。

　　在离开家上大学前，我妈妈总把我当成"小朋友"：醉虾、醉蟹，小朋友是不可以吃的。螺蛳、栗子，小朋友吃多了会肠胃紊乱。从"不许吃肯德基"到"不许吃一切未经她采购的鸡"，从"不许喝可乐"到"不许买任何超市里的饮料"。被禁的还包括盐，有几次我都要央求她，才能在淡而无味的菜里多放一些盐。当然，东日本地震那会儿除外，我妈妈以迅雷不及掩耳之势从小贩那里抢来八袋盐，现在不知吃完没。

　　有一次，我妈给我发了一封电子邮件，以触目惊心的感叹号开头，罗列一长串"有毒食品"，其中百分之八十都是我爸热衷吃的。

我爸爸是巨蟹座中的轻度宅男，唯独对吃豪爽。其实他肠胃虚弱，辣椒酱、胡椒粉都会让他有灼伤感，可是他特别喜欢新奇乃至古怪的重口味食物。他会兴奋地屡屡夹生鱼片蘸山葵泥酱油往嘴里送，然后夸张地捏住鼻子搞出巨大的声响来。他爱吃气味浓烈的红烧大肠面、撒上各种不相配调料的猪头肉，还把生的香菜或者洋葱直接泡在酱油碟里往嘴里送。

甚至，有一段时间，我爸爸每年夏天会从菜场买一整条剥了皮的蛇回家，炖成奶白色的汤，据说那是滋阴的。斩成小段的蛇肉好似鳝筒一样沉在碗底，它们肉质紧实，骨刺白洁。嚼蛇肉的感觉和咬一块清蒸带鱼没有太大分别，只是一丝丝肉硬像鸡肉。我要到长大以后，才渐渐明白，其实不是每个家庭都能把炖条蛇来吃当作平常事的……

可想而知，我们家的餐桌总要面临各种妥协。

食物是我爸爸接受未知世界馈赠的方式，他总是对没吃过或难得吃到的东西抱以快乐的期待。而且，他乐此不疲地用食物来传达他的爱。时不时，他会没头没脑冲我认真地说："你告诉爸爸，想吃什么，我去给你买。"那种殷切的眼神，好像我要钩下月亮涮鸳鸯火锅也是可以办到的。

上海有一条寿宁路，白天透着一股热烘烘的烧烤味，油腻的路面令人难以接近，直到夜色与霓虹灯掩盖了所有腌臜，这里人声鼎沸，头上张扬俗艳的招牌与手里张牙舞爪的小龙虾纠集成纵欲的浮世绘。

我妈十分地看不起小龙虾，觉得这是臭水沟里生长的怪胎。小时候有年夏天，我爸爸偶然从菜场买回一堆小龙虾，由我奶奶用刷子刷，把泥筋去掉，费心费力地烧出一大碗红彤彤的五香小龙虾来。那时轻度厌食的我，剥壳吮肉，吃得非常香。贯彻"一定要吃到爽"宗旨的我爸，不管我妈反对，每天都买小龙虾回来给我吃。于是，暑假的每一个晚上，我都在吃小龙虾肉。终于，我吃得犯了恶心。

十年以后，当全国各地夜宵流行起"麻辣小龙虾"、"十三香小龙虾"，当本是贱物的小龙虾现在已经卖得高价后，我倒反而对这种重口味明星级食物有了免疫能力。那年夏天吃到的小龙虾量，大概已经用足了我一生的配额。

只是后来，我和爸爸再也没在小菜场买过生龙活虎随意攀爬的小龙虾了。

虽然爱出门采购，但我爸爸不会做菜，妈妈出门旅游时，连荠菜豆腐羹这样简单的汤也得由我来下厨。而在我家亲戚们眼中，我妈妈十分会做菜。有人夸赞她的糖醋小排，有人热爱她的罗宋汤，瞧见没，都是些可以供她煮透透的菜色。我最喜欢的，是妈妈做的田螺塞肉。

田螺塞肉这种极费工夫的菜，属于粗物精制的功夫菜，但是符合我妈不怕苦不怕累一条道走到黑去夺取胜利的刻苦精神。

这是本帮家乡菜，以前在城隍庙，在进贤路，贴着上海标签的餐馆里，极少地方可以吃到。它出现最多的场合，一定是上海家庭的餐桌。首先买来的田螺要用清水养，水面上还滴了麻油。洗刷干净的田螺煮熟后，把螺肉挑出来洗净，用刀细细地切成碎。这个过程看似简单，却得用上巧劲。田螺肉个头小，硬硬的有弹力，不能像剁菜那样地剁，得一刀刀、一个个地把它们用刀蹂躏，碎尸万段。螺肉末再与肉糜搅拌均匀，一个个塞入田螺壳中。上海人把这个动作直接叫作"塞肉"，田螺塞肉、油豆腐塞肉。而它更斯文的说法是"酿"，酿青椒、蟹酿橙，听起来就好高级。

妈妈把螺尾剪开，好方便加了大料的汤汁把螺壳熬得肥腴油亮。

做起来太麻烦了。每次我想吃，妈妈都会二话不说地去做。

这个时候，一直唱反调的爸爸就会心疼妈妈："啊呀，吃糟田螺好了，或者田螺肉炒一下啦！"

对于不会做菜的爸爸来说，能用钱买来的食物，可以毫不心疼地吃个痛快，不必考虑烹饪劳作的付出。对于小心翼翼爱纠结的妈妈来说，能亲自全程把控家人入口料理的质量，这样的菜多吃一些也可放心。

我爸爸对于镬气浓重的路边摊有着天生亲近感，而我妈妈坚决反对在小店小铺吃东西，但是能让他们达成难得一致的是：好奇心。

要不要去吃日本的海胆刺身，把它们盖满一碗米饭？

要不要吃新加坡的叻沙，让舌头被椰浆虾酱香茅刺激一下？

要不要来顿俄罗斯大餐，用黑沉沉的鱼子酱抹饼配酸奶油？

每每计划出门尝鲜，一家子都十分踊跃、胃口旺健、步伐一致。不光我们家，应该说我们整个家族都热爱慕名去吃，兴致勃勃。

印象最深刻的一幕是物资还不丰富的小辰光。我们一家人分享第一次喝可口可乐、第一次喝比利时啤酒、第一次喝香槟的初体验。

四方角的木桌，一人占据一边，充满期待，看着爸爸开启瓶盖，妈妈照例在一边唠叨他开盖方式不对。

酿味（代后记）

　"噗"的一声，盖子跳了出来，细碎绵密的小气泡们迅速涌了出来。它们绵软无力、无声无息，却不可遏制。那种力量足以淹没你的整个人生。

图书在版编目（CIP）数据

看着看着就饿了：一些有关食物的八卦/指间沙著.-上海：上海文艺出版社.2017.7
ISBN 978-7-5321-6224-6
Ⅰ.①看… Ⅱ.①指… Ⅲ.①饮食－文化
Ⅳ.①TS971.2
中国版本图书馆CIP数据核字(2017)第118307号

发 行 人：陈 征
责任编辑：乔晓华
装帧设计：人马艺术设计·储 平
封面及封底绘画：biiig bear

书 名：看着看着就饿了：一些有关食物的八卦
作 者：指间沙
出 版：上海世纪出版集团 上海文艺出版社
地 址：上海绍兴路7号 200020
发 行：上海世纪出版股份有限公司发行中心发行
 上海福建中路193号 200001 www.ewen.co
印 刷：苏州市越洋印刷有限公司印刷
开 本：850×1168 1/32
印 张：7.375
插 页：2
字 数：116,000
印 次：2017年7月第1版 2017年7月第1次印刷
I S B N：978-7-5321-6224-6/I·4969
定 价：36.00元
告 读 者：如发现本书有质量问题请与印刷厂质量科联系 T:0512-68180628